食の文化フォーラム 34

人間と作物

採集から栽培へ

江頭宏昌 編

ドメス出版

巻頭言

人間と植物の関係を見つめ直す

中嶋康博
Nakashima Yasuhiro
農業経済学

私たち人間は植物とどのようにつきあってきたのか。それを明らかにすることが本書の目的の一つである。

人類史において植物の利用形態が採集から栽培へ転換したことは、社会のあり方に大きな転機をもたらした。その過程で起こった作物生産力の向上は、人口を扶養し富の蓄積をもたらし、文明の形成に寄与してきた。一方で自然環境・資源の制約もあって、適地適作をベースに広がった作物の栽培状況は地域によって多様なものになり、それが食の文化を生み出した。しかしその後、生育過程の科学的解析、品種改良への近代技術の適用、化学的農業資材の開発と利用拡大など、農法の改変は栽培のあり方、生産の地理的適用可能性を劇的に変えることになった。その結果、社会構造の変化を促し、地域社会において文化、伝統、習俗が変容し、地域の自然環境の劣化も引き起こしてきた。近年のグローバル化はそのことに拍車をかける傾向にある。

一方、私たちは植物とのつきあい方を変えつつある。究極の科学技術を植物生産に適応する動きを加速しつつ、伝統的な栽培への回顧と再帰を志向する動きがあることに注目すべきだ。過去から近未来まで、さまざまな農法の可能性がわれわれの目の前に広がり、選択肢は格段に広がっている。どのように栽培された作物を好むのか、それはこの成熟社会における消費者の意思によって左右される。現代においては、人びとの自然観、社会観、生活観はきわめて多様だ。そのような選択の自由が保障される時代になったということが、こういった動きの背景にある。

第二次大戦後、人類の歴史において例外的とも言える極大化した人口増加圧の時代を迎えたが、幸いにしてそれを克服するだけの食料生産力の向上を達成し、世界全体でとりあえず食はおおむね足りるようになった。富の不平等な分配のために未だに食や栄養が不足する状況はあるものの、飢えの恐怖から解放された人びとが大半になった。そのような状況が再び多様な農法を選びうるようにしてきたのだ。ただし今世紀中、人口は増えつづける見こみであり、地球・地域環境条件が食料生産に制約をもたらすことにも心をとどめておくべきであろう。

二〇一五年度のフォーラムは「採集から栽培へ」をテーマに議論を進めた。前年度のフォーラムテーマは「野生から家畜へ」であり、どちらも、学問的にはドメスティケーションとよばれている。食料調達において歴史上積み重ねた人類の営為である。二年連続してのテーマ設定となっており、私たちは相互の類似性を予想し、それを手がかりにした議論を期待していたのだが、それはよい意味で裏切られることになる。さてそれはどういったことだったのか。読者の皆さんには、報告者の論考とそれを受けてからの総合討論に目を通して、人間と植物の深い関係を知り、楽しんでいただきたいと思っている。

食の文化フォーラム34

人間と作物

――採集から栽培へ

もくじ

総合討論

装幀　市川美野里

序章　農の変遷と課題

江頭宏昌
Egashira Hiroaki
植物遺伝資源学

1　はじめに

私たちは明日も食べものに困ることはないと思って生きている。しかし地震や豪雨災害が起こるたびに、農地は被害を受け、流通が止まり、ガス、水道、電気が止まって煮炊きや日常生活が困難になることがしばしば起きている。

人間は何かを食べなければ生きていくことはできない。太古の人間は狩猟や採集によって食べものを得ていたと考えられている。やがて人間は、植物を栽培化し、動物を家畜化した。一般的には、長い年月をかけて野生動物を家畜化したり、野生植物を栽培化したりすることは、ドメスティケーション（domestication）とよばれている。やがて人間は家畜や栽培植物（作物）を利用して農耕や農業（この違いについては第I部第1章、佐藤氏の論考を参照のこと）を行うようになり、それらの生産技術を発達させながら今日の文明社会を築いてきたと考えられている。

二〇一四年度、「野生から家畜へ」と題する食の文化フォーラムが開催された。そこでは、人間はこれまで動物とどのようなかかわりをもちながら、動物を家畜に改変し、利用してきたのか、つまり動物のドメスティケーションの問題についてさまざまな方向から議論が行われ、その内容が昨年『野生から家畜へ』という本にまとめられて出版された。

それに引き続き、二〇一五年度、その植物版ともいうべき「採集から栽培へ」と題するフォーラムが開催された。そのフォーラムもこの本も「野生から家畜へ」と対にして、あるいは併せて考えることで、人間と生きものとのかかわりに関する議論がより深められることを期待して実施されたものである。そのフォーラムでもドメスティケーションについて議論したが、むしろ人間が作物を手に入れて以降の問題、つまり作物を栽培する農法やそれを支える思想の変遷、さらには今と未来の農のあり方についてじっくりと議論が行われた。

2　植物の効用

ところで忘れてならないのは、植物は地球上の生物のなかで唯一、光合成により太陽の光エネルギーを直接利用し、生命維持のための栄養を作り出すことができる生物だということである。他の多くの生物は独立して生きることはできず、植物に依存しながらでしか生きることができない。

植物は光合成で、水と空気中の二酸化炭素からブドウ糖を合成する。ブドウ糖は植物の体の中で代謝され、フルクトースやスクロースのような糖類、デンプンやセルロースのような多糖類、クエン酸やリンゴ酸などの有機酸、脂質、ビタミン類やポリフェノール類などが作られる。さらには植物が土壌から吸収した窒素やリンなどのミネラルも各種アミノ酸やタンパク質、核酸などの合成に利用される。そうした植物が作り出した有機物を、人間はもちろん、地球上のほとんどの生物が食べものとして摂取し、生命維持に必要なエネルギーや体を構成したり調節したりする材料をまかなっている。

人間からの目線で植物の用途を考えたとき、植物は食用として利用してきただけではない。「野生から家畜へ」の議論では、家畜の用途として、役畜、食用、ペットなどがあげられていたが、植物の用途はじつに多い。衣、食、住、薬、染料、儀礼、燃料、包材、日用品、玩具、環境浄化など多岐にわたる。また緑の景色や美しい花を見た人に心の安らぎを与えてくれる鑑賞の用途もある。何より光合成のプロセスで二酸化炭素を吸収し、生存に不可欠な酸素を供給してくれる効用がある。人間の生活を豊かにするうえで、植物が果たしてきた役割は計り知れない。

3　今後の食料確保に向けた課題

人間が農業を営んで食料を確保している今、今後、避けて通れない大きな課題が三つある。

一つ目は人口問題である。世界人口はさらに膨らみつづけ、わずか三五年後の二〇五〇年には九〇億人に達するという見方もある。増えつづける人口に対し、食料をどう生産し、確保していくかは喫緊かつ避けて通れない課題である。

二つ目は資源問題である。世界各地で農業用に地下水を汲み上げすぎたことで陸上の真水が不足しつつある。また肥料を作るのに必要なリン鉱石とカリ鉱石が世界的に不足しつつあり、数少ない産出国が輸出を制限する可能性もある。販売価格が上昇しているなか、日本は一〇〇％輸入に頼っている。輸入がストップすれば、肥料の供給もストップする。たちまち農業が立ちゆかなくなる現実がある。しかし落ち着いて考えてみれば、窒素、リン酸、カリウムといった化学肥料を毎年施用するような栽培体系が生まれたのも比較的近年のことである。かつては窒素、リン酸、カリウムは地域にある資源を循環させながら活用していた。資源を地域で回収して農業生産にできるだけ再利用していくような方向も視野に入れる必要があるだろう。

三つ目はエネルギー問題である。日本を含め多くの先進国では石油に強く依存した農業が主流になっている。たとえば窒素肥料や農薬も石油から作られている。施設園芸においても、畝を覆うマルチやハウスの被覆資材もたいていはビニールなどの石油製品である。また日本の稲作では耕耘、代かき、田植え、刈り取り、脱穀、運搬、水分調整などすべての行程が機械化されていて、石油エネルギーがないとまったく作業ができない。収穫した作物や加工した食品を流通させることもできない。しかし、石油も有限でいつかは枯渇するし、石油を燃やすことで空気中の二酸化炭素は増大し地球温暖化を加速させる一因にもなる。

こうした課題も見すえつつ、フォーラムの議論を通して今後の食料確保のあり方を考えることにした。

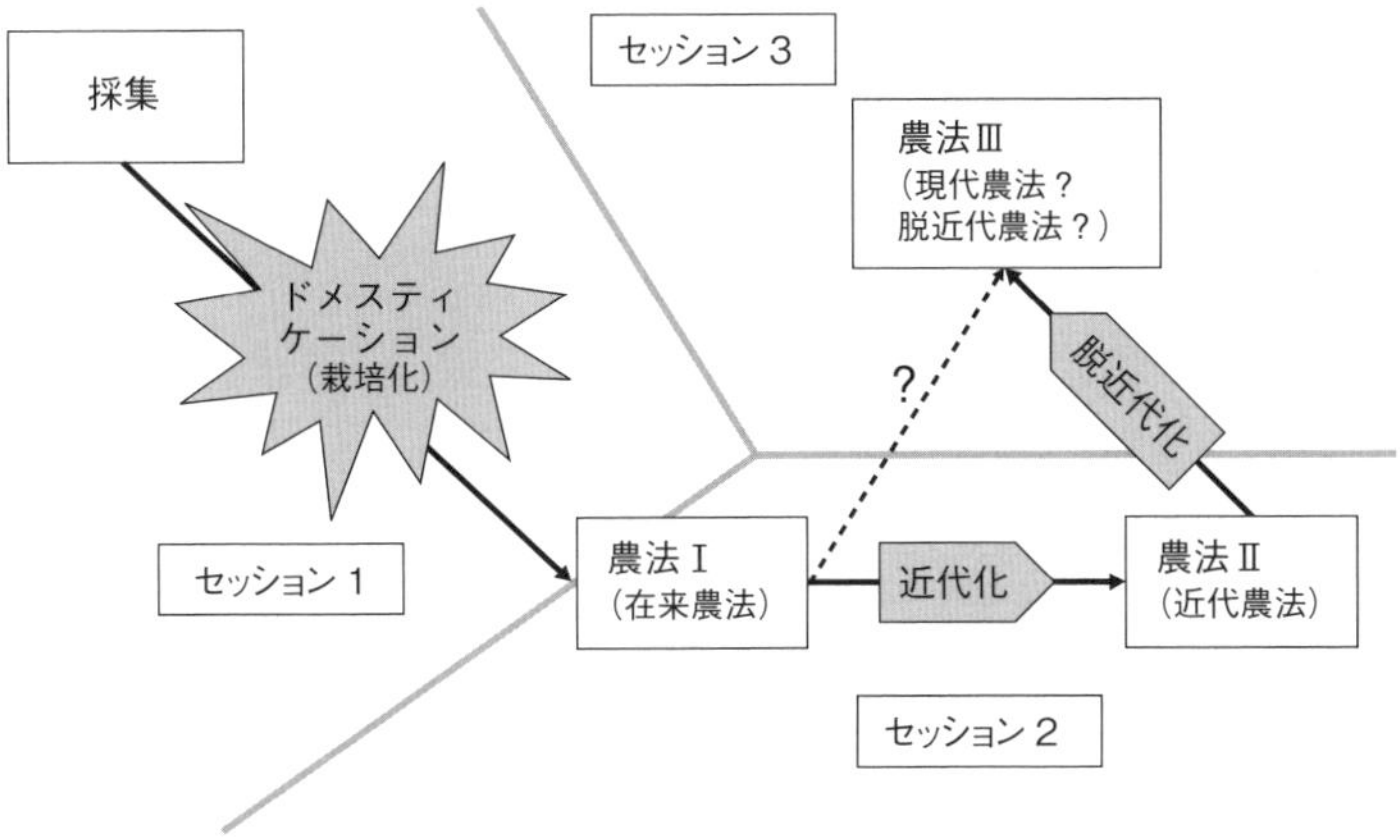

食料入手手段の変遷と討論セッション

4　フォーラムの議論の流れとこの本の構成

二〇一五年度の食の文化フォーラムでは、「採集から栽培へ」と題し、食料入手手段の歴史的変遷を軸に三回分のセッションを図のように実施した。

第一回のセッション（セッション1）は、採集と栽培化（ドメスティケーション）がテーマであった。暮らしと食の大きな転換点をもたらした栽培化を中心に議論するのがこのセッションである。人びとの生業が野生植物の採集から、採集と栽培の併存または栽培中心へ移行するようになったのはなぜか。植物のドメスティケーションをどう定義するかも一つの大きなテーマである。栽培植物（作物）を食するのがあたりまえの現代においても、並行して野生植物を採集しつづける人びとがいる。日本における事例とその理由から、採集の本来的な意味と栽培に移行した理由にかかわるヒントを考えたい。

野生植物の採集については、環境民俗学の第一人者である野本寛一氏から日本で古くから利用されてきた根菜類の一つ、野老《トコロ》を例に、現代でも採集行為が続けられる意味について話題提供いただいた。ユーラシアの農耕史研究の第一人者である佐藤洋一郎氏からは、イネやコムギを例に、栽培化や農耕がどのようなプロセスを経て起こったか、また人間が文明を築くうえで果たした穀類の特徴と役割などについて、話題提供いただいた。資源保全学が専門の山口裕文氏からは、野生種と栽培種の違い、栽培化という概念のとらえ方などについて、豊富な事例を交えてお話しいただいた。

セッション2のテーマは、「在来農法と近代農法」であった。地域の自然に寄り添って営まれる在来農法から、生産効率を高めるために石油などの資源を投入して栽培環境を人為的にコントロールする近代農法へ移行する過程で起こった事実と課題を検討した。

まずは在来農法とはどんな農法を意味するのか。近代農法のなかで生活している私たちがそのイメージを共有するために、ラオスにおける在来農法の事例を民族植物学が専門の落合雪野氏から話題提供いただいた。近代農法の生産性は栽培技術とともに近代育種の技術によっても支えられてきたが、育種（品種改良）による作物の変化と育種技術の変遷について大澤良氏からお話しいただいた。さらに、そもそも近代農法はいつの時代にどんな思想の流れのなかで登場し、どんな技術に支えられてきたのか。それについて農学原論が専門の秋津元輝氏から話題提供いただいた。

セッション3のテーマは「近代農法を越えて」であった。「近代農法」以降の農法については包括的な名前が存在しない。「代替農業」といった呼称が用いられることもあるが、その実態をつかみにくい名前である。話題提供者からも現代農法とか、脱近代農法といった言葉も提案されたが、結局、適切な呼称を生み出すことはできなかった。

近年、従来の近代農法ではエネルギー・資源の消耗や環境負荷の大きさから、その農法を持続的に実施していくことは困難ではないかという見方が強まっている。そうした反省に立って、各方面で新たな取り組みやさらなる技術革新が行われるようになった。その一つが有機農法や自然農法である。有機農業運動の歴史に詳しい桝潟俊子氏に話題提供いただいた。もう一つの流れとして植物工場やそのハイテク技術がめざしているものなどについて植物工場研究の第一人者である古在豊樹氏から話題提供いただいた。

三回のセッションを終えてみて、編集委員会で意見交換した結果、話題の内容が近いものに再構成したほうが読者にとっては比較しやすく理解を助けるものになるのではないかということになった。そこで、第Ⅰ部は「栽培化と品種改良」と題し、栽培化にいたる植物の特性や変化、作物やその改良品種の登場が人間生活にどのような変化や恩恵をもたらしたのかについての論考をまとめた。第Ⅱ部では、現代行われている採集と栽培の実態についてフィールドワークから見えてくるものを「採集と栽培」として一つのくくりにした。第Ⅲ部は「農のあり方をめぐって」とし、農を支えてきた思想や先端技術を取り入れるための新しい考え方というまとまりにしてみた。

本書には第Ⅰ部から第Ⅲ部の論考に加え、筆者の見聞と経験を交え全体を四つのテーマに絞って論じた総括と、三回にわたる活発な討論を統合した総合討論を収録した。読者の皆さんに一つひとつの内容を楽しんでいただきつつ、今後の私たちの食と暮らしのあり方を展望するヒントになればこの上ない幸せである。

第I部

栽培化と品種改良

第*1*章　栽培化と文明

佐藤洋一郎　Sato Yo-Ichiro
植物遺伝学

1　人類の食を変えたエポック

数百万年にも及ぶ人類の食の歴史のなかには大きなエポックが三つあったと私は考える。このうちの二つは、火の利用と道具の発明である。エポックの時期が大きく違うからだ。火の使用は、大型の肉食獣の攻撃からの防御に有効であったばかりでなく、消化しにくい食物の消化を助けたり食中毒を防止したりするのに大いに役立った。道具の発明は、身体の大きな動物の捕獲や穴掘りなどヒトの生活を大きく向上させ、さらに社会的分業の進化にも貢献した。いずれにせよ、この二つのエポック以後、ヒトは哺乳類のなかでも特異な地位を占めることになる。

食に関するもう一つのエポックは移動社会から定住社会への転換であった。人類は、その歴史の大半を移動者として生きてきた。人類は雑食動物であり、生きるためには植物質、動物質の資源（食材）をバランスよくとらなければならない。水や塩なども必要である。ある集団が今住まいしている場所でこれらのうちのどれかが欠けると、すぐにも動かなければならなかった。水や食料を求めて、彼らはいつも動いていた。文字どおりそれは「動物」（うごくもの）であった。

しかし、人口密度の高まりは自由な移動を妨げるようになった。しかも、住むのによい場所はたいてい他の集団によって占有されていた。動こうとしたその先に先住者がいれば、新参者としてはその土地をあきらめるか、または力によって奪い取るかのどちらかである。どちらにしてもエネルギーのいることである。

このようにして、定住への圧力は高まったが、定住は、定住の場（セツルメント）周辺の生態系を継続的に攪乱し、森を破壊する。とくに、水や塩をはじめさまざまな資源に富んだ場所付近では人口密度はいっそう高くなった。攪乱は常態化し、豊かな土地でも森は消え、草原が展開するようになっていったことだろう。オープンな土地に種子を播く耕作という技は、このような攪乱を受けた土地で始まったのだろう。

もう一つ、定住傾向が強まったことで、植物の集団への管理が系統的に行えるようになってゆく。オープンな土地の確保、特定の植物の管理など、投下したエネルギーが大きくなると、当然、収穫に対する期待度は高まったはずだ。この一連の行為を、当時の人びとが「農耕」と意識したわけではないだろう。しかしそれは間違いなく農耕の萌芽であったとみるべきであろう。

農耕とは、もっとも一般的な意味でいえば、主として植物質の食材を計画的に生産する営みである。過去の議論が示すように、どこからが農耕で、どこまでが採集であるかをいうのは難しい。というのも、採集にせよ原始的な農耕にせよ、行為としてはあくまで個人的な営み、あるいは少数の家族の集合という最小の社会単位の営みであるからである。農耕が社会的な意味をもつのは、生産された食料を他者に供するようになったそのときからではなかったかと私は考える。他者のために食料を生産するというこの生業が農業であると私は考えたい。このことは、食を他者に依存する人びとの出現と表裏一体の関係にある。食を他者に依存する人びととは、食料の生産以外の生業、たとえば道具や建物や道路などのインフラを作る人びと、行政や宗教行事に携わる人びと、人やものの運搬に携わる人びとなどである。そしてこれらの人びとが集まるのが都市であった。

都市に住む彼らのいのちを支える食は、もちろん周辺の土地——農村——から供給されることになる。だから、都市の発達は、農村と農業の発達をうながした。農業の発達は、生産物の長期の保存と輸送の技術を進歩させた。さらに農業の発達はデンプンをもつ作物、つまり広義の穀類の発達をうながした。漿果や果樹などの糖質は、分子量の小さな糖からなり、季節性があるうえに保存がききにくい。大きな人口を安定的に支えるにはあまり適した糖質とはいえなかったからである。それに代わって、保存性に優れているデンプンを主体とする資源のウエイトが高まった。ドングリのような堅果類やイモ類、そしてマメ類を含む穀類がこれにあたる。

2　栽培化の始まり

かつて考古学者ゴードン・チャイルドが考えた新石器革命という概念は、農耕の始まり（つまりそれが新石器時代の始まりと考えられた）が、革命、つまり急激な変化であるとの認識を暗に示したものといえる。しかし、最近の研究成果は、農耕の起こりが、むしろゆっくりと進行した一種の「プロセス」のようなものであることを暗示している。

コムギの例でみてみよう。Tanno と Willcox［2006］は、西アジアの四つの遺跡から出土したコムギの穂軸の形状を細かく調べ、野生型のそれから栽培型へのそれへの転換に三〇〇〇年近い時間を要したことを明らかにしている。

イネでも類似の傾向がみえる。中国江蘇省の龍虬荘《りゅうきゅうそう》遺跡では、出土するイネ種子は四つの地層をまたぐ一八〇〇年の時間をかけてゆっくり大きくなっていった。さらに、野生のブタ（イノシシ）からブタへの転換、さらにヒシなど野生植物のウエイトが、この一八〇〇年をかけてゆっくりと変化していた。

一方、以下のような見解もまた存在する。これらのデータでは、分析に使われた点はともに四つで、点と点との間の時間は数百年にも達する。そのように考えれば、「徐々に変化」したと考えるのは荒っぽい見方で、実際は栽培型の増加と野生型の増加がもっと高頻度で繰り返し起きていたのだという見方である。先の見解を「漸変仮説」とよぶとすれば、後者のそれは「繰り返し仮説」とでもよぶことになるだろう。このいずれが正しいかは現段階では判断がつかないが、私の個人的な見解では、栽培化の初期の過程では「繰り返し仮説」があてはまり、栽培型がある程度増加してからは「漸変仮説」があてはまる。この見解の当否を含め、今後の検討課題ということになるだろう。

農耕の展開がなかなか進まなかった理由は以下のように説明できる。まず、農耕は半年先の収穫を期待する、ある意味での先行投資である。失敗は集団の絶滅を意味したから、何らかの保険が必要だったと思われる。また、農耕でまかなえる資源は量、種類とも限られていた。そうした意味での保険が狩猟や採集という活動であったわけで、農耕に全面依存する社会を急激につくりあげることは到底できなかっただろう。

そして日本列島や、おそらくは日本列島を含む東アジア、東南アジアにあっては、動物性タンパク質を魚など天然資源に頼る習慣が長く続いた。天然資源はその所有者が不明確または「コミュニティみんなのもの」、つまりコモンズである。コモンズの利用方法は、社会のあり方や人びとの生き方や自然観にも影響を及ぼしたことだろう。たとえば現代日本人は「自然」という語が大好きである。春の山菜採りや秋のキノコ採りなどの「コモンズ」へのアクセスは今もある。そしてそれは単に食材としての山菜やキノコ類を確保するというだけでなく、積極的にコモンズにアクセスするというメンタリティの表れともいえる。こうしたメンタリティは、耕作という行いに対し消極的にさせたとみることもできるだろう。

3　農耕はなぜ起こったか

いろいろな学問分野で、この問いはいわば「永遠の問い」になっている。答えがないのだ。しかし驚くにはあたらない。答えのない問いなど、いくらでもあるのだ。

前置きはこれくらいにして、この問いに対する過去の答えをレビューしてみる。従来の答えは、大きく、人間社会内部にその原因を求めるものと、外部に原因を求めるものとに分かれる。内部に原因を求めるものとしては、たとえばチャイルドのような、人間社会が発展をとげて農耕という複雑な作業が可能になったという、いわゆる「発達史観」がその典型である。もう一つの流れは、人口の増加、あるいは人口密度の高まりをあげるものである。ただ人口密度の増加の原因を問うと、温暖化による海面上昇で、スンダ海にあった大陸が海面下に没して難民が発生したなどの外部説が登場する。また最近よく語られるのが気候変動説で（スンダ海の海面変動も気候変動説である）、寒冷化による食料の不足が社会に農耕という手段をとらせたと考える説がある。とくに、今から一万一七〇〇年ほど前に起きた「ヤンガードリアス期」の低温によるという安田喜憲やバー・ヨセフの説は欧州などで広く信じられている。

一応これらの説を俯瞰したうえで改めて考えてみたい。まず、「因果の連鎖」をどうみるかである。人為的な現象や自然現象が複雑に絡み合う問題は、いくつもの現象が連鎖的に起きる因果の連鎖が起きている。二つの現象AおよびBの間に因果関係があるとして、その因果の強さはさまざまである。つまり、「現象Aが起きたから現象Bが起きる」かは一種の確率事象であり、その確率はいつも一〇〇%であるとは限らない。否、この確率が一〇〇%であることはむしろまれである。すると、いくつもの現象が「因果の連鎖」でつながっている場合、最初の現象が起きてから最後の現象が起きるまでの確率は、場合によっては「偶然」といってもよいくらいの低い値にあることも考えられる。さらに、システムダイナミクス論でいう正、負のフィードバックが起こり、いくつもの現象の間の因果関係は複雑化する。

このように考えれば、農耕の起こりという事象にたった一つの理由を想定することは現実的ではない。おそらくは人口の増加もあったし気候変動もあった。そして人口増加の背景には、気候の変動による地域環境の変化などさまざまな要因があり、さらにそれらが複雑に組み合わさって農耕の起こりにつながったというようなモデルを考えるのがよい、という結論になりそうだ。一つ一つの事象の組み合わせについては必然的でありつつも、システム全体としてはむしろ偶然に支配されているといったモデルを考えるのがよいのかもしれない。

4　穀類農耕の起こり

人間社会が栽培化しようとした種は、それ以前からその土地にあり社会がずっと採集の対象にしてきたものに限られるとみてよいだろう。ヒトが植物に依存したのはおもにいのちを支えるエネルギーである。糖質と言い換えてもよいだろう。とにかく、ヒトは、三日もエネルギーを断たれればまともに活動することができない。乳児にいたっては一日と生きながらえることができないであろう。つまり、ヒトは食べつづけなければならなかったのである。そしてその事情は今も何ら変わることがない。しかし、糖質でもベリー類の漿果や果実に含まれる糖など低分子の糖は保存しにくい。しかもこれらが入手できる時期は限られており、それ以外の時期には何か別の資源を手に入れる必要があった。糖質を漿果や果実に頼る以上、多様な植物種に頼る以外方法はなかった。

餓死のリスクを回避する方法として、人類社会は貯蔵を考えた。ヒト以外の動物も食料を保存するといわれているが、基本的にはシステム化された保存はヒトに固有の行動とみてよい。貯蔵さえ利けば、糖質の端境期にも何とかやってゆくことができるだろう。貯蔵しやすいのは低分子の糖ではなく、分子量の大きなデンプンである。そして植物がデンプンを蓄えるのは、次世代の個体の生育のためである（これを貯蔵デンプンという）。

植物がデンプンを貯蔵する器官は多岐にわたる。おもな器官は種子であるが、ほかにも根（たとえばサツマイモ）や塊茎（ジャガイモ）、地下茎（サトイモ）、果実（カボチャ）などにも蓄えられる。むろん、糖が貯蔵の対象にまったくならなかったかといえばそうではない。蜂蜜は調整すれば長期の保存が利く。果実（果樹）も、たとえばカキやブドウは干して、長期間保存することができる。ある社会がどのような食料を選択したかは、生産量や環境、さらには社会の仕組みなどさまざまな要素が関係しているのであろう。

貯蔵されたデンプンのなかで、人間社会にもっともよく適応したのが種子に蓄えられたものである。種子はもともとが貯蔵器官であり、デンプンを長期間にわたって蓄える機能をもっている。さらに水分含量もイモや果実などに比べてずっと低いため軽く、運搬性にも優れている。保存性や運搬性に優れることが、種子を、さらに種子作物を、「文明の作物」として進化させることになった。

5　文明と穀類

文明をどう定義するかは研究者によりまちまちで、多くの研究者が認めるある統一的な説はない。ただ、多くの研究者が認めるのが、文明とは多くの人が集まる、都市というそれまでにはなかった仕掛けの登場によりできた存在だというところだろう。都市に集まった人びとは、むろん非農耕者であった。つまり、自分のいのちを支える食料を自ら生産しない人びとであった。彼らには、自分の食料を生産する術もなければ、またその必要もなかった。彼らは、自己の食料を生産するという呪縛から解放され、それぞれの専門に集中することができた。つまり、その彼らの食料は、誰かによって生産され、届けられたのである。

食料を生産する側からいうと、他人のために食料を生産する生業（なりわい）がこのときに誕生した。これが農業の誕生であると私は考える［佐藤 二〇一六］。都市の拡大は、都市域の非農耕人口の拡大につながる。それは農業生産の増加をもたらしたことだろう。

哺乳類としてのヒトの生命を支えるのは、糖質（デンプン）である。糖質の供給源は多様であるが、漿果など季節性が高い食物では一年を通じての供給が困難である。採集時代の名残である堅果類（ドングリなど）は、生産の安定性が低く、大きな人口を安定的に支えるのに適当ではない。つまり「裏年」と「表年」があって、採れる年とそうでない年の生産量が大きく異なる。また、サポニンなどの毒素（「アク」と総称されている）を大量に含むものが多く、そのアク抜きの手間と設備が足かせとなって大きな文明を支える食料とはなりにくかった。あとに述べるクリも堅果の仲間だが、このアク抜きの必要がない。次のステップである穀類農耕への過渡的段階であったのだろう。しかし一方で、これだけではさらに大きな人口を支えることはできなかったのであろう。

他者のための食料の中心をなしたのは、なんといっても穀類であった。それはどうしてだろうか。穀類は堅果類同様、比較的軽いので運びやすい。都市に運びこまれた穀類はそこで保存される。保存がききやすいことが幸いしている。このことは、糖質の安定供給につながるだけでなく、余剰部分が富となって都市を活性化した。都市の発達と農業の発達とは互いに他を推進してきたのである。

イモ類も、穀類ほどではないものの保存性が高い。イモ類は、その根や塊茎などにデンプンを蓄える。ちょっと考えるとイモ類は保存性が低そうにも思えるが、人類はさまざまな工夫を凝らしてきた。ジャガイモを栽培化したインカの人びとは、イモの部分をいったん凍らせて乾燥する一種のフリーズ・ドライの方法で、チューニョという保存食を完成させた。山本［二〇〇八］によれば、この方法でできたチューニョには次の年まで一年ほどの保存期間がある。サトイモやサツマイモも、水分含量を低く抑えることである程度の時間保存ができるようにしてきた。

日本でよく用いられていたのが、多量の籾殻の中に埋めておく方法で、水分と温度を一定に保つには優れた方法であった。こうしておくことで、次の栽培の季節までデンプンを保存しておくことができたのである。

6　穀類農業を拡大した戦争や宗教行為

穀類の生産を拡大させたのは文明だけではない。戦争もまた、穀類の栽培を加速させてきたといえるだろう。兵站《へいたん》という語があるように、戦争にあたっては前線部隊の武器・弾薬ばかりか食料の補給が不可欠である。この補給路が絶たれてしまうと、戦いに勝つことはできない。

日本では、大軍を操る戦争の記録は古代末期（平安時代の末頃）まではそれほど多くないと思われるが、中近東では三〇〇〇年も前から大戦争があった。古代ペルシャの王クセルクセスは、今から二五〇〇年ほど前にマケドニアとの間で戦いを繰り広げた。ペルシャ軍は一〇〇万に及んだとヘロドトスは記している。この数をそのまま信じることはできないにしても、それほどの大軍の食をまかなうためには、相応の食料を安定して生産し、保存し、そして調達する社会システムが完備されていたことを意味する。

同じく、一時に多くの人が集まる宗教行事あるいはそれに類する何らかの活動なども また、食料の生産、保存、調達のシステムを発達させたと思われる。日本の例では、青森県・三内丸山遺跡（縄文時代中期〜後期）から大量のクリが出土して話題を呼んだが、それも、大勢の人間を収容できる「ロングハウス」とよばれる大型の建造物があったこと、そしておそらく同遺跡が行事か祭祀を執り行う季節的な定住の遺跡であったらしいことを考え合わせれば納得がゆく。一時的に集ったそれだけの人のために、クリが計画的に生産され、保存されていたと考えることもできよう。このケースでは、食料に用いられたのはたぶんクリであり穀類ではないが、原始農耕から穀類の農耕への過渡的段階ではなかったかとも思われる。

西アジアの農耕開始期直前の時代にも同じような事例が指摘できる。南東アナトリアのギョベクリ・テペ遺跡の農耕開始直前の層位からは、共同体の儀礼行為を取り仕切るためのものと思われる石造の円形建物がみつかった。そこには多種多様な動物（ヘビ、キツネ、イノシシ、鳥など）を描いた巨大なT字形の柱が複数存在するという。さらに、人物を模したと思われる柱は神か祖先あるいは悪魔を表していて、儀礼と崇拝の対象であったと考えられているようだ。だとすれば、この地で農耕が始まる少し前に、社会にはかなり大掛かりな宗教的、儀礼的な活動があり、それに参加するために人びとが集い、そのためのまとまった食料を確保する必要があったと思われる。

7　穀類はどこで生まれたか

穀類と書いたがその原産地も多様である。穀類には夏に育て秋に収穫する夏穀類と、冬に育て春に収穫する冬穀類とがある。冬穀類が生まれたところ（原産地）は西アジアの一角に限定されるが、夏穀類の原産地は大きくいって、中南米（トウモロコシ）、東アジア（イネ、アワ、キビ、ヒエ）、アフリカ（トウジンビエ、シコクビエ、コウリャン、テフなど）に分かれる。なお、この夏穀類にはマイナーな種がいくつもある。ここで冬穀類および夏穀類の違いを表1にまとめておこう。なお、穀類が夏穀類と冬穀類に分かれるのは、植物が春に芽吹いて秋に熟すものと、反対に秋に芽を出して翌春に成熟するものとに分かれていることに対応している。

表1　主要な穀類

分類	原産地	穀類	
夏穀類	中南米	トウモロコシ	
	東アジア	イネ	
		キビ	雑穀
		アワ	
		ヒエ	
	アフリカ	ソルガム（コウリャン）	
		トウジンビエ	
		シコクビエ	
		フォニオ	
		テフ	
冬穀類	西アジア	コムギ	麦
		エンマーコムギ	
		オオムギ	
		ライムギ	
		エンバク	

穀類が人の食料になるのはその種子の部分である。種子ができないと次世代にいのちを継ぐことができないだけでなく、穀類としての資質に欠けることになる。種子をつけるには花を咲かせなければならない。植物が花を咲かせるメカニズムは、完全にはわかっていないが、夏穀類も冬穀類も、昼間の長さが強く関係している。夏穀類では、夏を過ぎ昼間の長さが短くなると花を咲かせる。冬穀類は反対に冬を越して昼間の長さが長くなると花を咲かせる。こうした性質をもつことで、穀類は世界に展開した。

世界に展開した穀類を、ＦＡＯ（国連食糧農業機関）の統計などに従ってリストアップしたのが図1である。これに、ヴァヴィロフの八つのセンターを重ねてみると、穀類の誕生がけっして

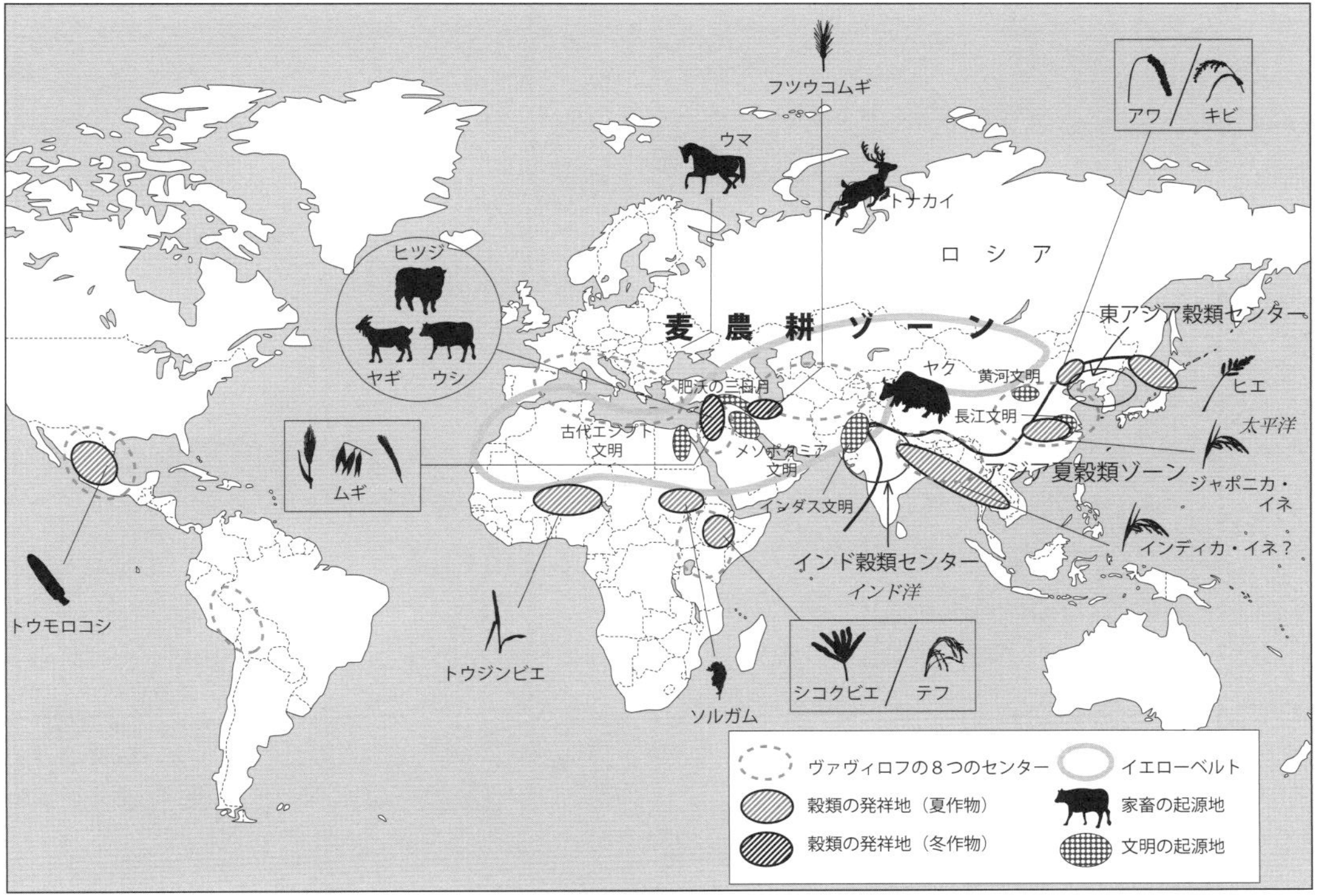

図１　農耕と遊牧のおこりからみたユーラシア

出典：佐藤洋一郎 2016『食の人類史——ユーラシアの狩猟・採集、農耕、遊牧』（中公新書 2367）中央公論新社。

その地域を限ったものではないことがみてとれよう。

8　穀類がもつもう一つの特徴

穀類のもう一つの特性が、一年生の性質をもつことである。とくに麦類はその傾向を強くもち、いったん穂を出した後は親植物は速やかに枯れてしまう。節の部分から新しい芽が再生することもない。夏作物も、一部を別としてこの傾向が強い。とくに、作物としては毎年種子を播いて毎年収穫することになるから、どうしても一年生の性格を強くもつことになる。

一年生であるという特色は、進化のスピードを上げることにつながった。植物の進化は、花を咲かせて種子をつけるそのたびに起きる。作物の進化には、突然変異が重要であることはよく知られているが、それだけではだめで、組換えという遺伝子の交換が大きな意味をもっている。

このことをもう少し詳しく述べる。突然変異とは、身体を構成するどれかの細胞の遺伝子に起きる。たとえば、全身の細胞がA遺伝子をもつ株のある細胞に、A→aという突然変異が起きたとする。このa遺伝子が後代に伝わるには、この突然変異を起こした細胞が細胞分裂を繰り返すうち種子（胚珠）または花粉になる生殖細胞に受け継がれねばならないし、さらにそれらが実際に生殖にかかわらなければならない。しかもそのようにしてできた種子が実際に播かれて発芽し、そこで初めてa遺伝子は定着できる。さらに、この遺伝子をもった株が繰り返し他と交配することで初めてその作物のなかで浸透してゆく。

つまり、作物は遺伝子を交換するという作業を通じて初めて種内で広がってゆく。そして多品種を生み出し、新たな環境下での展開へとつながってゆくのである。

9 穀類農耕の発展

穀類の農耕は数百年から千年の単位で発展してきたものと思われるが、その原動力になったのは何だったのだろうか。理由の一つは、明らかに都市の発達にあると思われる（第5節参照）。都市における非農耕人口の増加は、食料生産、それも安定的な食料生産の発展をうながしたことだろう。文明の範囲が広がると人の往き来が激しくなる。それまでのように日帰り圏だけが世界ではなくなってゆく。日帰りできる範囲を越えた人の移動が旅の登場である。旅は宿泊と外食をともなうようになる。人の移動経路である街道に沿って宿泊と飲食のための施設ができてゆく。そして、こうした人の移動が、新たな食のニーズとして発展したのであろう。

穀類は、その輸送性の良さなどから、大陸をまたいで伝播した。あとに書く三大穀類以外にも大陸をわたった穀類がある。また、大陸をまたがないまでも、イネやコムギのように、たとえばユーラシアを東西に伝わったものもある。

三大穀類以外でも興味深いのがソルガムであろう。ソルガムはアフリカ大陸、ナイル川の河畔で起源したと考えられるが、四〇〇〇年ほど前までにはアラビア半島を経由してインドに達した。さらにそれはユーラシアで広く栽培されるようになり、現在の主産地は北米大陸である。また中国では、白酒《パイチュウ》と飛ばれる蒸溜酒の原料として広く利用されている。

なお、穀類の展開は、けっしてスムーズに進んだのではなかった。コムギは、中国には今から四〇〇〇年近く前に伝わったが、それが中国文明とくに黄河の文明を支えるようになるまでには幾多の社会的なコンフリクト（抵抗）があったという（趙志軍私信、詳細は佐藤［二〇一六］を参照）。

10　三大穀類、米、小麦、トウモロコシ

現在世界で栽培される穀類の数は数十に達するが、このうちFAOの統計に出てくるのは先にあげた二〇足らずの種である。だが、ある時期から、このうちのトウモロコシ、イネ（米）、小麦の三種が突出するようになった。これら三種は生産・消費の量からいっても、食文化に与えた影響からいっても、抜きん出て大きな影響力をもっている。

こういう状況が生まれたその端緒は大航海時代の始まりにあったことは疑いない。いわゆる「コロンブスの交換」がそれである。それまで、世界中に栽培される作物などなかった。大航海時代を迎えて、旧大陸の人びとはトウモロコシやサツマイモを初めて知ったし、また新世界の人びとは米やコムギに初めてまみえたのである。

これら三大穀類がなぜこの三種になったか、この三種でなければならなかった理由は何か。おそらくその理由の一つは、これらが種の内部に大きな多様性をもっていて、環境が大きく異なる

土地に定着する条件を備えていたからであろう。あるいは三種が遺伝的にフレキシブルで、違った環境下で栽培される間に遺伝的な範囲を獲得していったのかもしれない。実際、これら三種に属する品種の数は数十万を超える。

しかしおそらくそれだけではなかった。これらの種を新たな土地に持ちこんだのは、その社会の支配層であるケースが多かったように思われる。たとえば日本社会がイネを受容した経過をみてみよう。イネや稲作が日本に持ちこまれたのは、水田稲作に限っていえば三〇〇〇年ほど前のことと思われるが、日本社会はけっしてそれらを一様に受け入れたのではなかった。東北地方の稲作の展開をみると、弥生時代の中期頃にいったん今の弘前市付近（砂沢遺跡など）にまで北進したものの、その後再び南下する。つまり東北地方北部では、ある時期に稲作を始めたが、のちにやめている。その後、律令時代に入っても、政権はしばしば「触れ」を出して人びとに稲作に精励するよう求めていた［原田 一九九三］。日本社会が稲作社会になりきるには、相当の時間を要したということであろう。先にふれた耕作という行いに対する消極姿勢の一つとみることもできよう。

日本の社会が稲作社会として一応の完成をみたのは近世のことといわれるが、それまで各時代の政権は一貫して人びとに稲作を奨励し、そのための基盤整備に力を注いだ。日本が稲作社会化するのは、それだけの時間とエネルギーを必要としたのだと思われる。

11　まとめ

ここでは、農耕という営みが人間社会と自然とのかかわり方にどう影響を与えたかについて考えてみた。一万年も前の社会のあり方や人びとの行動について研究するのは容易ではない。いきおい私の推測が加わった書き方になってしまったが、そうは考えない、そう考えるのは矛盾であるといった考え方も当然にしてあるだろう。こうした議論の材料として本稿が使われれば望外の幸である。

〈文献〉

佐藤洋一郎　二〇一六『食の人類史――ユーラシアの狩猟・採集、農耕、遊牧』（中公新書）中央公論新社。

原田信男　一九九三『歴史のなかの米と肉――食物と天皇・差別』平凡社。

山本紀夫　二〇〇八『ジャガイモのきた道――文明・飢饉・戦争』（岩波新書）岩波書店。

Tanno, K., & Willcox, G. 2006 How Fast Was Wild Wheat Domesticated?, *Science*, 311 (5769), 1886.

第2章　野生種と栽培種

山口裕文
Yamaguchi Hirofumi
資源保全学・人間植物関係学

1　はじめに

作物（農作物、栽培植物）は、祖先の野生種が形状や生態的特徴を変えて栽培化したものである。栽培化は、人間史の初期に農耕の成立にかかわった穀物やいも類などの主要農作物の発達史として議論されることが多い。そのほとんどは「人が植物を栽培化した」という脈絡で論じられている。しかし、農作物の成立のプロセスである植物の栽培化という現象と、農作物や農耕の発展がどのように人間史に影響したかは明らかに異なる事象である。視座を変えて植物の栽培化にかかわる植物学的要素を取り出してみると、栽培化は現在進行形の単純な現象である。

人間の生活環境下にみられる植物のうち、農産物や食材の多くを提供する農作物＝栽培種は、大きく立派で人びとから興味をもたれやすいのに対して、栽培種の祖先となった野生種は、華奢で小さく、あまり注意を払われない。現在の日本で身のまわりに見られるほとんどの栽培種や農作物は世界各地から渡来したものであり、日本の農業を担っている作物でも、東アジアの自然から得られた種は少数にすぎない。そのため、日本での栽培種の起源や進化に関する議論は、主要作物の伝播史の再構築に集中している。この章では、人間史の問題を少し脇に置いて、植物学的側面に絞って栽培化を考えてみたい。とくに東アジアを舞台として自生している野生種が、人間あるいは人間生活による干渉によってどのように変化したかあるいはしているかを眺望し、栽培種が維持される仕組みをひもといて、東アジア以外の地域からの農業や栽培種の導入の影響も併せて考えてみたい。

2 栽培種とは——栽培化症候と生物学的・分類学的認識

栽培種と野生種の違いは栽培化症候群（domestication syndrome）といわれる特徴によって示される（表1）。栽培化症候は、植物体の巨大化、収穫対象の増大、果実形成能力の低下、植物器官の巨大化の程度を異にする品種の形成、器官の偏った変化、自然拡散能力（種子散布または地下茎の伸長）の低下、苦味や有毒成分の低下、発芽遅延の解消、トゲや硬い皮などの保護機構の喪失、生育期間の変更、根の形態的変化、花器構造の変化、形態的特徴の種内変異の増大など、Schwanitz［1966］による列挙をHarlan［1992］などが整理したもので、種子作物では、種子の休眠性や脱粒性の欠如、大粒化、茎の同調成長など野生種との顕著な変化を示す。枝や茎の数が減り、収穫部位が集中化し、草型（草姿、外観）がずんぐりとなるような特徴も含まれる［山口二〇〇一］。いも類や栄養繁殖する植物では、いもや茎が大きい、毒性が低い、あるいは苦みや刺激がないなどの特徴である。

分類学的には栽培種と野生種は次のように多様に認識されている（学名は初出のところで記述する）。ダイズ *Glycine max* とツルマメ *G. soja*（= *usuriensis*）やヒエ *Echinochloa esculenta*（= *utilis*）とイヌビエ *E. crus-galli* は別種もしくは亜種の違いとして認識され、ニンジン *Daucus carota* var. *sativa* とノラニンジン *D. carota* var. *carota* やダイコン *Raphanus sativus* var. *hortensis* とハマダイコン *R. sativus* var. *raphanistroides*、カキ *Diospyros kaki* var. *kaki* とヤマガキ *D. kaki* var. *sylvestris* では変種の違い、ハチジョウカリヤス *Arthraxon hispidus* とコブナグサ *A. hispidus* やセリ *Oenanthe javanica* の栽培と野生（雑草）では呼び名だけの違いとして栽培種と野生種が多様に位置づけられている。いも類の場合は、栽培のサトイモ *Colocasia esculenta* var. *esculanta* と野生のナガエサトイモ *C. esculenta* var. *aquatilis* のように変種の違いで示されたり、キャッサバ *Manihot esculenta* では甘味種 Sweet Cassava と苦味種 Bitter Cassava のように学名の違いをともなわずに栽培種と野生種との境界がはっきりしない場合もある[1]。野生種と栽培種は、植物学では変種や亜種などのランク（分類階級）で位置づけられているが、それらを分類学上のどのランクで示すかには統一された見解はなく、分類学者の解釈（意見）に従っている。植物分類学の扱いでは栽培種の形態的特徴が野生種とどれだけ違うかによって、より上位のランクで位置づけられる傾向にはあるが、近年は、学名（小名 epithet）での差別化は少なくなっている。

おける栽培種と野生種・雑草系統

明瞭な栽培化症候		
巨大化した部位	生態的特徴の変化	種子の生理・生態
種子、葉	出穂開花同調性	休眠欠如、非脱粒化
種子、葉	晩生化	
種子、葉、花被片	直立化	休眠欠如
植物体	直立化	
鱗茎		
植物体、葉	直立化、葉縁鋸歯の欠如	
果実		
葉、植物体	下部側枝の退化	休眠欠如
花序、植物体	下部側枝の退化	
塊茎	花序形成能の低下	
果実	苦みの欠如	
植物体、葉、小穂	分蘖（ぶんげつ）の減少	休眠欠如、非脱粒化
植物体、葉、塊茎		
植物体	集中化、側枝の退化	
植物体、葉、茎		
塊茎	花序形成能の低下	
植物体、種子	集中化、側枝の退化	休眠欠如
植物体、種子	集中化、側枝の退化	休眠欠如、非脱粒化
植物体	集中化、側枝の退化	殻の薄膜化
植物体、果実	性表現の変更、苦みの欠如	
主根	集中化、側枝の退化	
主根	集中化、側枝の退化	休眠欠如
種子、植物体	集中化、一年草化	休眠欠如、非脱粒化
花序、種子、植物体	集中化、側枝の退化	休眠欠如、非脱粒化

照のこと。

栽培種と野生種（野生祖先種）の認識にあたっては、作物の近縁野生種のうちどれが直接の祖先であるかを決定する。一般には、形態的類似性に基づくが、栽培種との人為交配によって繁殖力をもつ子孫ができるかとか、多数の遺伝子や塩基配列を比較して相同性が高いという基準で祖先種が特定され

表１　日本を中心とした東アジアに

起源地／利用地域の広さ	栽培種（系統）	野生種・雑草系統	用途
	和名（作物名）	和名	
東アジア／狭い範囲	ハチジョウカリヤス	コブナグサ	染料
	オオナズナ	ナズナ	野菜
	オオボウシバナ	ツユクサ	染料、観賞
	ミツバ	ミツバ	野菜
	ユリネ	コオニユリ	野菜、観賞
	ハチジョウススキ	ススキ	飼料
	ヤマモモ	ヤマモモ	果実
	ベニタデ	ヤナギタデ	香辛菜
	アカザ	シロザ	野菜、雑穀
東アジア／やや広い範囲	サトイモ	ナガエサトイモ	食用
	カキ	ヤマガキ	果実、渋
	ヒエ	イヌビエ	雑穀、飼料
	オオクログワイ	クログワイ	食用
	ダイズ	ツルマメ	食用、飼料
	セリ	セリ	野菜
	クワイ／スイタグワイ	オモダカ	食用
	アズキ	ヤブツルアズキ	食用
東アジア外／世界的分布	エンバク	カラスムギ	食用、飼料
	ハトムギ	ジュズダマ	食用、装飾
	マクワウリ	ザッソウメロン	果菜
	ニンジン	ノラニンジン	野菜
	ダイコン	ハマダイコン	野菜
	イネ	—	食用
	アワ	エノコログサ	食用

Yamaguchi and Umemoto［1996］，堀田ら［1989］などより作成。学名は本文を参
出典：山口［2001］に加筆・修正。

る。極端な場合、種子の脱粒性のような一つあるいは少数の形質の遺伝子や塩基配列の違いで、栽培種と野生種を識別することもある。

栽培種は、野生種が徐々に変化したものなので、明瞭に野生種と違うと認識できる場合も境界が不明瞭な場合もある。栽培種が使われなくなって、名前だけ

写真1　忘れられた作物アカザ（タイ・チェンマイ近郊モン族の村で、2010年10月筆者撮影）

アカザ（藜）は栽培種で若葉を野菜とし、種子を粥や粉として使う。連続的な変異を示す雑草のシロザ（藋＝シロアカザ）は家畜や鶏とは周食型種子散布の共生関係にあり、攪乱によって生まれる新たな場所に生育する放浪種である。

の一人歩きもある。アカザ *Chenopodium album* var. *centro-rubrum* は、今も台湾や中国の奥地で野菜や雑穀（擬穀）として利用されているが、脱落しない果実をもつ紅または黄赤色の大きな花穂をつける高さ二*m*にもなる栽培種で（写真1）、学名は最初に日本で記録されている［Makino 1910］。雑草のシロザ *Chenopodium album* にも茎葉（株芯）が幼時に赤くなるものがあるが、近年は、これをアカザと識別してしまっている。漢名でアカザは藜《れい》、シロザ（シロアカザまたはアオアカザ）は藋《てき》（または灰條）であり、野菜や雑穀として野生種とともに栽培され、粉に挽いたり、粥とする料理方法もあった。栽培種が使われなくなったアカザは名前だけが一人歩きしているのである。学名の album から和名をつけられたシロザ[2]は、果実に着いた萼《がく》を動物に報酬として与える周食型散布種子を家畜や鶏に食べさせ散布させ、耕地などに自生する。今は使い方も知られないが、アキノノゲシなどと同様に野菜として利用されることもある［梅本ら 二〇〇二］。

農作物名や野生種の和名は、植物の存在様式の実態を正確に示さず、明瞭に違う群が存在するような認識を生んでしまう。栽培種と野生種が歴然と識別できない場合も多い。これは同じ一つの種（生物学的種）のなかに野生種と栽培種の二つのほか、半栽培とか雑草型とよばれる中間的類型が存在するためである［中尾 一九七七、一九八二、Harlan 1965］。後で紹介するノラアズキやオロカビエなどもこれにあたる。そのため三つの類型（群）が一つの種のなかに下層の階級として存在することになる（図1）。栽培種を特徴づける形質の多くは人為的な「栽培行為」によって保たれているから、「栽培種」とは人間の庇護のもとで維持されている類型、「野生種」は自然環境のなか

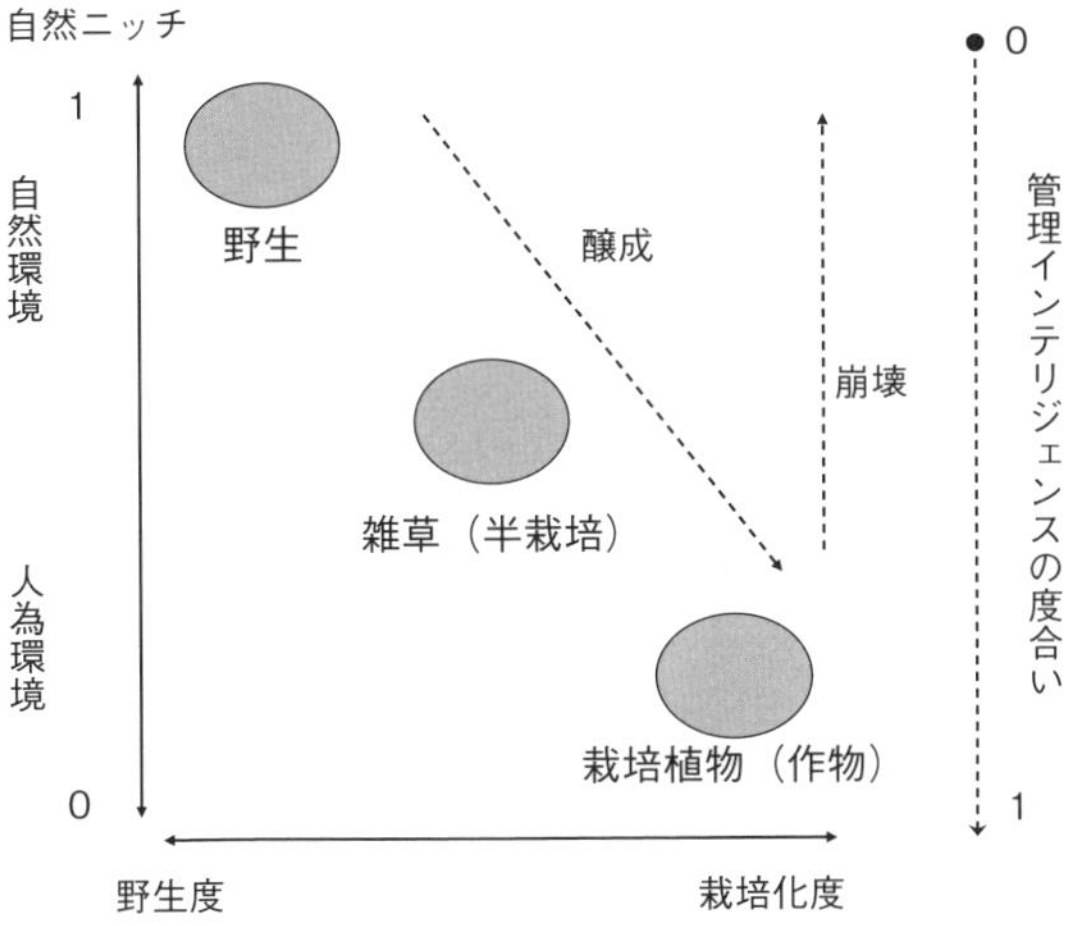

図1　栽培種・野生種・雑草型の概念
栽培種の維持管理の担い手(王族と庶民)によって選択圧の質と量が異なる。選択は農作物と観賞・癒し植物では異質である。植物を管理する知恵は人為的環境で品種の発展とともに醸成され、技術の過度な発達と知恵の偏在は作物種や品種の崩壊を招く。

で自己の能力で自活している類型となる。栽培化という現象は、半栽培や雑草型というグレーゾーンの中間的段階を経て野生種から栽培種に変わることであり、栽培化とは逆の野生化の現象は栽培種の逸出とか野化や種変わりとよばれる。

次に、東アジア原産の作物の事例を概観しつつ、栽培化を具体的にみていく。

3　東アジア起源の栽培種

東アジア原産の栽培種には地域内で使われている種と地域外に広がった種があるが（表1）、身近な野菜の事例からみていく。

刺身の妻（つま）に芽蓼《めたで》がある。関東や九州の庶民の食生活では一般的ではないが、芽蓼は関西では刺身に必ず添えられるピリッと辛い香菜である。紅紫の双葉の「芽」が刺身の妻に使われる。この野生種であるヤナギタデ *Persicaria hydropiper* は、河川敷の水際に自生しており、今は水田雑草の化学的管理のために少なくなってしまったが、時に水田の縁などに生育する。ヤナギタデから栽培化されたベニタデ *P. hydropiper* forma *purpurascens* は、種子を砂地のベッドに蒔いて双葉の芽を芽蓼として収穫する。よく切れる独特の庖丁で一㎜ほどの厚さで床土と一緒に芽を切り取り、砂を洗い流して出荷する。種苗商から生産者への種子の流れは比較的閉鎖的で、一般では入手困難である。三ランクほどの生産用種子があるが、大粒で良質な種子からは丸くて大きい双葉をもつ芽蓼がとれ、そのなかの「足が出にくい」高級品はとくに工夫して収穫される。小さめの種子になると双葉の細長い芽蓼となる。大阪と名古屋、東京のデパートで売られている芽蓼から植物を育ててみると、大阪の系統は枝分かれが少なく直立し葉も大きく丸くなるが、名古屋や東京の系統は、葉が細長く、枝分かれが多くなる。東京の系統は、紫色ではあるがヤナギタデと同じような枝振りを示す。双葉の時期の辛みには大きな差はなく、ヤナギタデは発芽しにくいものの葉も双葉にも辛みはある。栽培種の系統によって野生種との違いに差があり、種《たね》の純度も違うため発芽初期に緑や形のよくない実生（芽生え）は取り除かれる。栽培の蓼には、全体が緑色で若い株を鶏料理に使う葉蓼や、鮎料理に使う鮎蓼や蓼酢に用いる系統も分化しているが、広くは知られていない［中山・保田 二〇一三］。

いも類の野生種には、東アジアにサトイモ、クワイ *Sagittaria trifolia* var. *edulis*、ヤマノイモ *Dioscorea* spp.、オオクログワイ（馬蹄、シナクログワイ）*Eleocharis tuberosa* やユリ根（コオニユリ *Lilium leichtlinii* などの鱗茎）などがある。サトイモの野生種のナガエサトイモは、親芋はあまり大きくなく、蔓状の地下茎を長く伸ばす。日本の温泉地や暖地には水路や水田近くなどにサトイモが野生しており、弘法いもとよばれている。これは、えぐいもの野生化品と推定されており［谷本 二〇〇一］、連続した群落をつくることが多い。種子繁殖している野生サトイモは、熱帯アジアの耕地周りや、東南アジアの亜熱帯林の露呈した斜面や水の滴る崖地に見られ、地下茎でも殖える。これらは花をよくつけ、花序をつけた枝は野菜として市場に売られている。林縁に生育する株は離散している。

写真2　水田雑草のクログワイ（下）から栽培化したオオクログワイ（馬蹄；上）（魯元学氏［昆明植物研究所］撮影）
糖質の塊茎は漢方のほか甘みをたのしむ生食とする。

クワイやスイタグワイの野生種は水田雑草のオモダカ *Sagittaria trifolia* var. *trifolia* で、これらは互いに交雑し、健全な子孫をつくる。クワイの一種とよく間違われているオオクログワイ（ミズグワイ）のいもは糖質で甘い。その野生種は水田雑草のクログワイ *Eleocharis kuroguwai* である（写真2）。これらの野生種は、地下茎をたくさん伸ばし、先端に小さな塊茎（いも）をつける。栽培種は、比較的短い地下茎の先に大きく太い塊茎をつける。サトイモの栽培品種ではえぐみが薄くなっている。クワイやオオクログワイでは、栽培期間の後半に株から二〇*cm*ほど離れたところで長く伸びた地下茎を切り落とす「根回し」の技術によって塊茎の数を少なくして大きな塊茎をとる。人の手で増やされるクワイでは品種によっては種子繁殖のための花をつけなくなっている。花をつけない日本のクワイ品種に対してスイタグワイは花をつける。中国のクワイには花をつける品種がある。

中央アジアから東アジアに伝わったダイコンやニンジンやゴボウ *Arctum lappa* などでも独特

の品種が作られている。桜島大根、島人参、大浦牛蒡などでは、特殊な栽培法と移植をともなう採種技術が発達し、伝統品種もできている。固有の種《たね》取りと栽培技術で維持されている伝統品種は、人手による後代の維持がなくなると消滅する運命にある。

4　東アジアの種子作物アズキとヒエの栽培化

種子作物のうち、東アジアには、雑穀のヒエ類では野生祖先種のイヌビエとタイヌビエ *Echinochloa oryzicola*（＝*E. phyllopogon*）が自生し、食用マメのダイズではツルマメが、アズキ *Vigna angularis* ではヤブツルアズキ *V. angularis* var. *niponensis* が自生している。これらの野生種は高い種子散布能力を示し、成熟するとイヌビエ類の種子はパラパラと脱粒し、野生のマメ類では自然状態で莢が割れて種子が飛び散ってしまう。これまで、ヒエ類やダイズやアズキは中国で起源して日本へ導入されたとされていたが、照葉樹林帯の中核にあたる雲南省の北西部で成立したモソビエ（＝栽培タイヌビエ）を除くとヒエ、ダイズ、アズキは極東で栽培化したとみられる。このうちアズキは、野生種と栽培種の拡散を説明できる。

(1)　アズキ

従前、アズキはリョクトウ *Vigna radiata* に近縁と考えられ、インド原産でもやしの原料となるリョクトウやケツルアズキ（ブラックマッペ）*V. mungo* とともに日本列島へ伝播したとされていた。しかし、近年の研究では、アズキはリョクトウやケツルアズキとは縁の遠い温帯性の種であることがわかっている[Javadi et al. 2011]。アズキの含まれるアズキ亜属では、温帯のアズキと亜熱帯のタケアズキ（ツルアズキ）*V. umbellata*、熱帯のリョクトウやケツルアズキやモスビーン *V. aconitifolia* などの食用栽培種は、それらの野生祖先種とともにそれぞれ独立した系譜を示すので、異なった民族を担い手として複数の場所で栽培化したとみられる（図2）。これらの栽培種は、野生祖先種とともに胚軸や初生葉の形状に固有の特徴を示し、豆の状態で種類を識別できる。極東アジアの古代遺跡から発掘される炭化豆の多くは、ダイズを除くとアズキである[吉崎 二〇〇三、Yano et al. 2004]。

アズキの野生種ヤブツルアズキは、日本からネパール東部にいたる照葉樹林帯の人為的撹乱環境やガレ場で植物群落をつくり、分布域の東西に遺伝的に異なる地理的集団を形成している（図2、[三村・山口 二〇一三]）。ヤブツルアズキの分布域の東端にあたる日本と朝鮮半島には、栽培アズキとヤブツルアズキの中間的な形態を示す雑草アズキ（ノラアズキ）もあり（写真3）、これはアズキへの移行型、アズキからの野生化品またはアズキとヤブツルアズキの自然雑種の後代と推定されている[Yamaguchi 1992]。また、東アジアからヒマラヤまで栽培されているアズキの遺伝的特徴は極東のヤブツルアズキとよく似ている。

アズキ亜属は、五〇〇万年前から一〇〇万年オーダーで種分化しつつ分布域を広げている（図2）。二〇〇万年前頃、亜熱帯性の近縁種から分かれたヤブツルアズキ（野生アズキ）は氷河の影

図 2　アズキ亜属の進化と伝播

アズキ亜属は約 500 万年前にササゲ亜属などから分岐し、熱帯種（栽培種リョクトウ、ケツルアズキ、モスビーンを派生）と温帯＋亜熱帯種（タケアズキを派生）が 300 ～ 400 万年前に分岐し、約 200 万年前に温帯種（アズキを派生）と亜熱帯種が分岐した。アズキは、最終氷期数千年前以降に栽培化し、その栽培地はヤブツルアズキの分布域よりやや広い。

出典：三村・山口［2013］を修正。

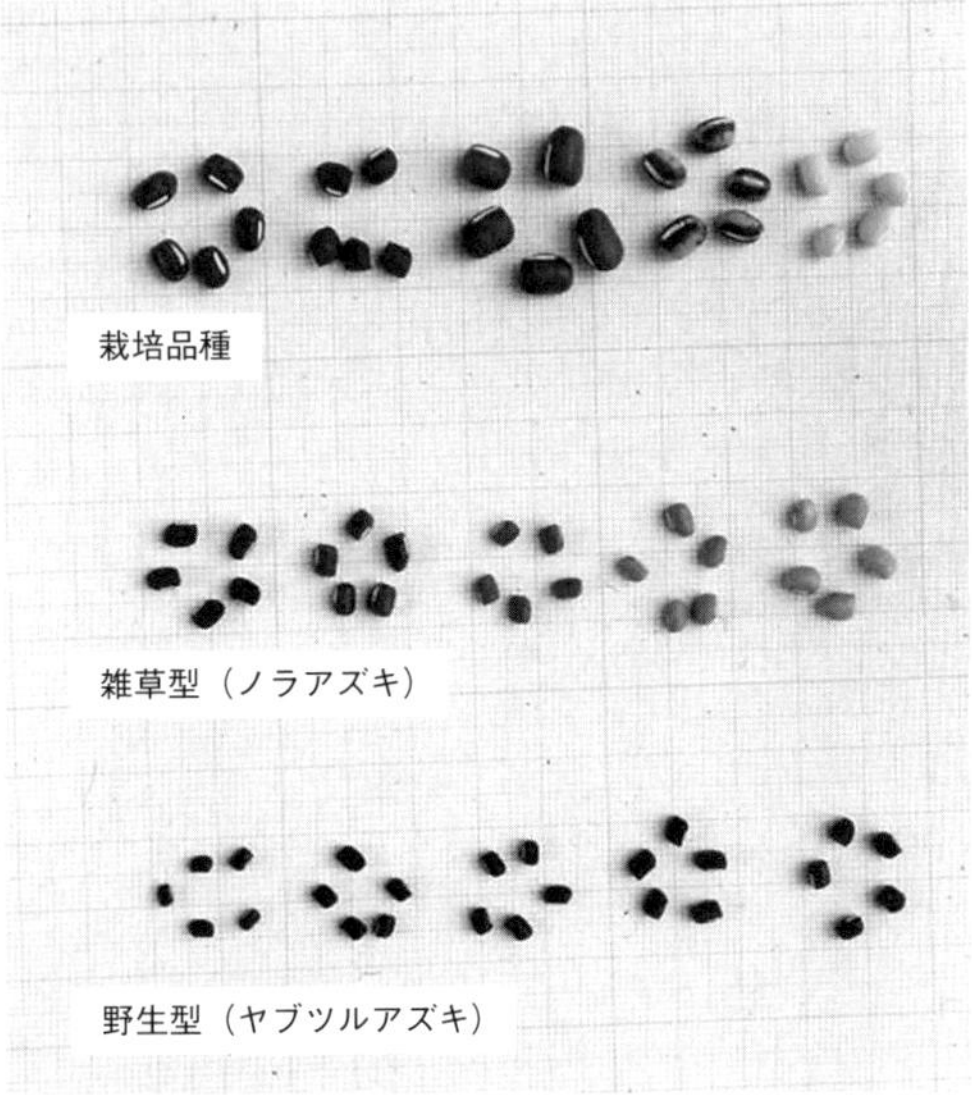

写真3　栽培化によって大粒化したアズキ
上段：アズキ、中段：雑草アズキ、下段：ヤブツルアズキ(野生)。極東の古代遺跡からは雑草アズキと同程度の大きさの炭化種子が発掘されている。

響のなかで東アジアに広く拡散し、地理的分布の違いに沿って遺伝的変異を蓄積したと推定される。アズキは、おそらく最終氷期以降の数千年程度の短い間に栽培化した後、民族移動をともなって東アジア全域に伝播したと解釈できる［三村・山口 二〇一三］。

　アズキ亜属の栽培種の野生祖先種の通性をみると、どの種も人為的撹乱によってできる場所に大きな群落をつくる。群落としてのバイオマス（生物生産量）が大きく、成熟時期には継続的な種子の採集に応えられるようである。マメ科植物の有毒な種子のなかでササゲ *Vigna* 属植物の種子は毒性が薄く簡単な料理で食用できるが、栽培種になっていない種は大きな群落をつくらない。

　栽培化症候の一つにあげられた種内変異の増大に関して、アズキとタケアズキを例にして種子の色と大きさをみると、多様性の高い場所はアズキでは極東アジアにタケアズキではインドシナ北部にあり、両種ともとくに大粒の品種は多様性の高い場所で利用されている。栽培化されてからの経過時間の長い場所で、より大粒の品種の栽培と多様な種子色を利用する技術が発達し、遅れて伝播した周辺部では小粒品種が多いようにみえる。ブータンではセームフチュンという極小粒のアズキが仏事に使われている［山口 二〇一六a］。DNAレベルではヤブツルアズキの多様性は高く、アズキでは低いから、「多様性の高いところが栽培種の起源地である」とする古典的な多様性中心説はアズキには当てはまらない。

(2) ヒエとモソビエ

ヒエ類では、野生種と栽培種は種子の形状と脱粒性によって識別できる。しかし、植物体の外観や形態的特徴の似る場合があり、両者の識別の難しい面もある。野生種も栽培種も種内変異が高く、とくに空き地や耕地の雑草として多様化が激しいためである［藪野 二〇〇一］。アジアには6倍体（染色体数2n＝54）の栽培種二種（ヒエとインドビエ *E. frumentacea*）と4倍体（染色体数2n＝36）の栽培種一種（モソビエ）がある。三つの栽培種は、アズキ類と同様に野生祖先種とともに異なった系譜を示す（図3）。ヒエ属の一年生種をみると、複数の野生種間の自然交雑とゲノムの倍加（複2倍体化）によって野生祖先種が生まれている。イヌビエは、未知の2倍種を母系とし、タイヌビエのゲノムを父系として進化・成立し、栽培化してヒエを生んだことになる。

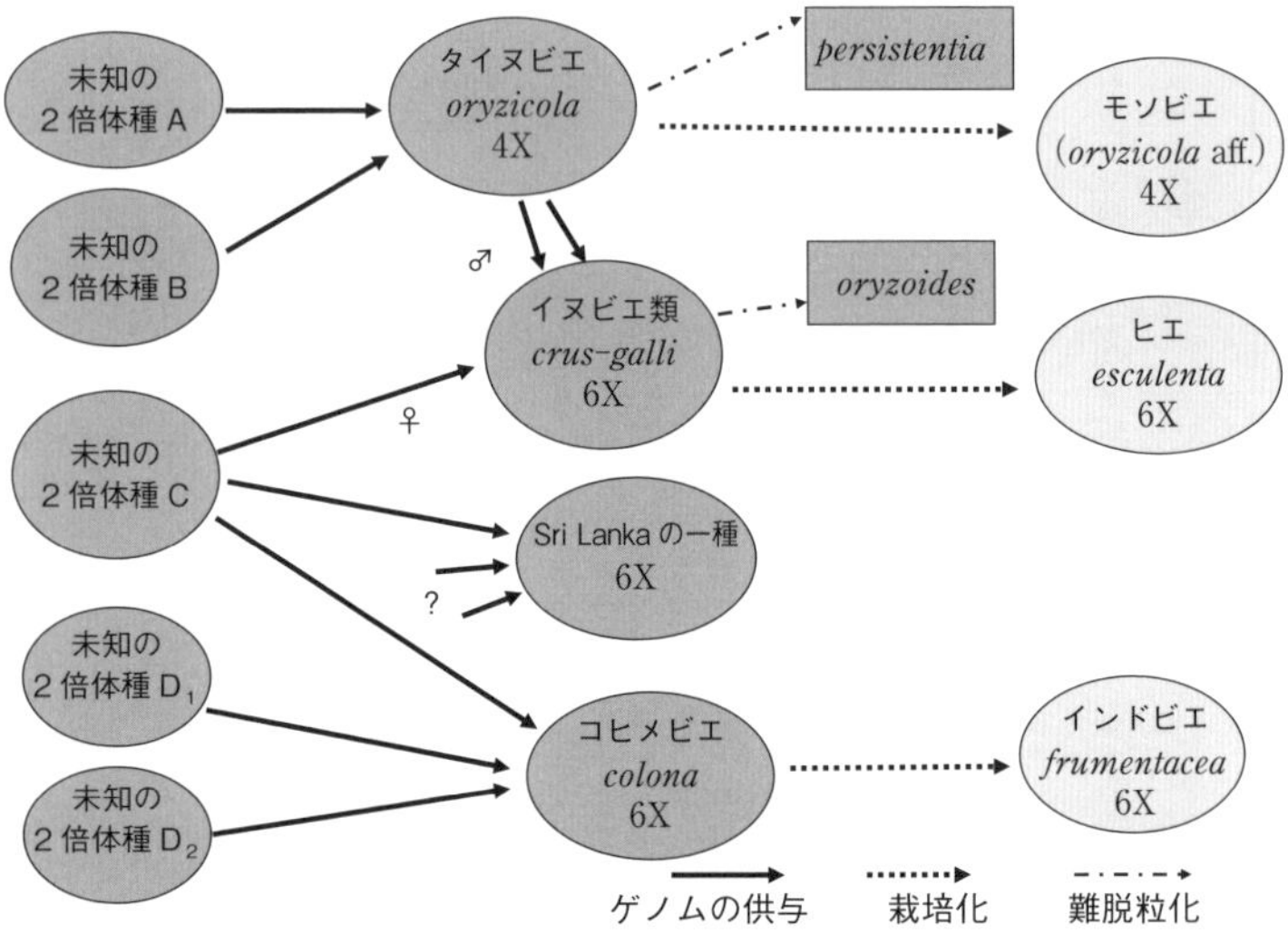

図３　一年生イヌビエ属植物にみられる種分化と適応的進化
矢印はゲノムの供与と栽培化と擬態・難脱粒性の獲得を示す。栽培化と難脱粒化は並行的な適応現象である。ゲノム供与（雌雄）の方向は細胞遺伝学的研究［Yabuno 1966］と分子系統解析からの推定。
出典：山口［2016b］より。

ヒエは、朝鮮半島蓋馬《ケェマ》高原の火田（焼畑）民や北海道のアイヌの人びとによって最近まで使われていたが、焼畑耕作ともかかわって北東アジアに広く分布していた。日本でもコバ型やカノ型の焼畑での栽培があり、その周辺にはオロカビエやゾロビエとよばれる半栽培型か野生化品も知られていた［小林 一九八八］。ヒエとゲノムを共有するイヌビエには、イヌビエ var. *crus-galli*、ヒメイヌビエ var. *praticola*、ヒメタイヌビエ var. *formosensis* などの種内変異が知られ［藪野 一九八二］、水田雑草のヒメタイヌビエはイネに擬態し、とくに苗の移植時期には見分けにくい。戦前には陸稲に擬態するイヌビエの系統も知られていた。ミャンマーの陸稲に混生するイヌビエには、種子の脱粒性を欠き、畑に取り残して種子を実らせ補助的に食用とされるものもある［梅本ら 二〇〇一］。ヒエ（栽培種）は種子の非休眠性、大粒化、穂（花序）の大型化、少茎（少分蘖）の特徴を備えて北海道からチベットの河谷まで連なって点々とみられ、茎葉は牛馬の良好な飼料となり、種子は飯や粥とするほか酒に醸され味噌醤油にも使われている。ヒエの栽培化がどこで進んだのかはよくわかっていないが、北海道や北東アジアの遺跡から栽培化を示す丸い粒が発掘されている［吉崎 二〇〇三、山口 二〇〇七］。

写真4　モソ族の女性が運ぶモソビエ（雲南省永寧で、2013年10月筆者撮影）
穀粒はスーリマ酒を醸し、茎葉は飼料とする。栽培種は、人の手で生活史を完成し拡散・伝播する。

東アジアに比較的広くみられるヒエに対して、中国にはモソビエ（栽培タイヌビエ、学名未設定）がある（写真4）。これは、スーリマ酒を醸し、雲南省と四川省の境にある瀘胡《ルーグー》湖を中心とする地域で女系民族のモソ族やプミ族によって水稲栽培と隣り合った水田でのみ作られている［藪野二〇〇一、山口・梅本二〇〇三］。原種のタイヌビエは、水田雑草として水稲に擬態し、水稲の成長に同調して茎を伸ばし、打ち付け脱穀の営まれる中国などの水田には*E. persistentia*と命名された難脱粒の系統もある。モソビエの種子は、脱粒せず、休眠性を欠いており、収穫頃に雨が続くとオオムギのように穂発芽することもある。水田稲作に随伴した雑草のタイヌビエからモソビエが栽培化してからの時間は、その分布域の狭さからもきわめて短いと推定される。

イヌビエ・ヒエのグループとタイヌビエ・モソビエのグループの両者には、雑草の段階で非脱粒性や草姿の変化（擬態）が見られ、イネの栽培に付随した環境条件に適応した特徴が進化している（図3、［山口二〇一六b］）。ヒエとモソビエに見られる栽培化の現象も、人間の営みに応じた適応的進化ととらえられる。インドには野生種のコヒメビエ*Echinochloa colona*が栽培化したインドビエ（ヒエと混同されていた）があるが、これを含めてヒエ属植物のなかでは、利用方法の多様性とともに栽培化の程度はヒエで高度であると推定される。とくにヒエでは穂が巨大になり、茎の数が減っている。東アジアには雑穀のアワ*Setaria italica*やモロコシ*Sorghum bicolor*でも大きな穂を着ける品種が多い。東アジアの雑穀の少茎性は、ばらまき栽培ではなく、移植栽培や大きな穂を集める種取りの方法に応じた変化であろう。

5　栽培化と管理インテリジェンス

栽培化（ドメスティケーション）のとらえ方にはいくつかの立場がある。遺伝的な変化はなくとも人の手で栽培されておれば栽培化されたとか、種子の非脱粒性と非休眠性が確立した場合のみを栽培化されたとか主張されていた。普通には、栽培化症候群の形質が種や集団に優占した状態を「栽培種」とみなしている。しかし、栽培化症候形質のどれかが広範な食用作物に普遍的にみられることはなく、栽培化症候のすべてを持ち合わせた種もみられない［山口 二〇〇二］。すでにみてきたように栽培化は、植物の系統進化とはかかわりなく、並行的に起こっている（表1、図1〜3）。栽培種自身も変化しつづけており、新品種の形成と在来品種の消滅にともなって栽培化症候を付加したり、消失させている。植物学的な科や目と地域に偏りのないように選ばれた二〇〇種あまりの食用栽培種について、栽培化症候形質の出現を評価した結果によると［Meyer et al. 2012］、栽培化は、一万二〇〇〇年前に始まり、八〇〇〇年前と四〇〇〇年前に高いピークを示し、現在も進んでいる。遺伝解析の進んだ例をみると、第一段階の栽培化の後、栽培化症候に関する同じ遺伝子が異なる種で並行的に進化している［Meyer and Purugganan 2013］。一方で高度に栽培化した栽培種の拡大により、古い種や品種がなくなっている現実もある。

栽培化の様相を種や集団の生育環境（生態的地位）と栽培—野生度との変量で位置づけると（図1）、栽培種であるか野生種であるかの程度は利用する植物への人間のかかわりの深さで決まっており、かかわりは栽培管理の技術と知恵の総体を決定づけている。栽培種は、種《たね》から胃袋までのすべてのプロセスで、人間による干渉を受ける。種《たね》（種子と子芋）を集め、保存して蒔きつける（植える）行為によって栽培種は種子休眠性を低くし、除草や施肥の管理によって競争力をなくし、種子の収穫によって散布能力を低くさせる。重い大きな種子は、意図的な選抜がなくても、風選などの作業によって自然に後代に残っていく。さらに加工、調整や調理などに沿う品質の改良が栽培化を推し進める。

これに対し、野生種や雑草は、自己で散布した種子の発芽のスケジュールを変動する環境条件に合うように、種子休眠の深さを決めていくが、高度に栽培化した栽培種は休眠性を欠くため人間による庇護がなければ生き残れない。半栽培や雑草型の状態では種子の休眠性や散布能力は残したままで、同調成長や短い開花結実期間にともなって誘導される種子の集めやすさや大粒化もみられる。栽培種の野化や逃げ出しの過程では、自生能力にかかわる栽培化症候は一つずつ欠落していく。人間による植物の管理技術の発展と栽培化とは強い関係にあり、野生種にとっては利用されるだけでも栽培化のきっかけとなる。後代の維持を人に頼らず何らかの形で自生能力をもったまま利用されている状態が一般的な半栽培である。

栽培化に影響する人為選択の量と質は食用作物と観賞植物とで異なっている。収穫対象の品質を例にとってみると、利用部位と繁殖体が等しい場合には生産栽培の担い手の庶民や農民から直接評価されるが、花卉や野菜や香料のように繁殖体と利用部位が異なる場合は生産の担い手と異なる利用者（王族や上流階級）から評価される。そのため種《たね》の残し方に異なった意図が働くことになる。これが、穀物やいもなどの農作物と観賞・癒し植物とにおける人間とのかかわりの違いである［山口 二〇一二］。

6 地域複合と文化複合そして崩壊

従来、農作物の起源中心地とされた場所は、植物地理学的多様性のホットスポットに該当する。起源中心は多様性中心ともされるが、任意の地域で種（分類群）を選ばず、ある確率で栽培化が進み、栽培種が等確率で地域に残るとすると、多様性中心はホットスポットに必然的にできあがってしまう。多様性中心の形成は栽培植物に特有の現象ではなく、単なる地域複合である。

ある地域では周辺地域あるいは遠隔の地から徐々に栽培種を受け入れ、地域の栽培種は多様になる。初期の導入から受け入れまでにはそれ相当の時間がかかるが、長期的には一地域における栽培種の種類は豊富になる。導入当初の利用方法にとどまらず、地域の民族文化の違いによって新たな利用が付加されると植物の側には新しい特徴が組みこまれる。ゴボウやキーウィ（シナマタタビ *Actinidia chinensis*）のように、野生種での伝播や侵入種としての拡散後に植物が栽培化した例もある。また、東アジアではアフリカ原産のササゲ *Vigna unguiculata* から野菜用の栽培品種ジュウロクササゲが生まれ、新大陸原産のインゲン *Phaseolus vulgaris* から菜豆用品種ができ、地中海地域原産のソラマメ *Vicia faba* が巨大な種子をもつカワチイッスンを品種分化させるなど、新たな特徴を栽培化症候の一つとして付加している。このような品種は料理方法や食文化の要素とからまって東アジアに固有の文化複合を形成している。照葉樹林帯にみられる穀物のモチ性や発酵適性などにも、伝播後の変化がみられる。花や花木では唐風の植物鑑賞行為が、中国からの花卉の導入とは別に日本産花卉の栽培化を誘導した例もある。

日本のダイコンの在来品種は色や形や大きさに高い多様性を示す。品種の特徴に応じて地域ごとに使い分けられていた庖丁やまな板のサイズも変化に富んでいた。品種ごとに調和していた料理法と庖丁とまな板の文化的セットは、今、核家族化し都市化した台所の構造に沿って均質化したまな板と万能庖丁とダイコンの汎目的品種という味気ないセットに変容している。多様な文化複合のもとにあった多様な品種が、知恵の崩壊をともなって劣化し絶滅に瀕しているのである。

作物を利用する知恵と技術は時とともに発展しつづけているが、その一方で技術が高度になり、作物の維持管理が人間の手から離れてしまうと、食材を得る方法や品質を評価する知恵が崩壊する（図1）。現代は作物や食にかかわる知恵が分業化や専業化によって偏り、庶民生活から乖離して農作物と人間との関係が崩壊しつつある危機的な状態といえよう。

〈注〉

（1）苦味種と直訳されている〝bitter〟は、日本語の〝苦い〟とは同じ意味ではなく、えぐい、渋い、刺激的、ざらざらあるいは有毒を意味し、sweetも甘いと同義ではない。甘味種（栽培種）と苦味種（野生種）の違いの成分はシアンであったり、蓚酸カルシウムの結晶であったりする。

（2）すでに『新撰字鏡』（平安期）にみえる「あかざ（阿加坐）」に対して、シロザは「しろあかざ（灰藋）」と同じ意味として一九三〇年代に牧野富太郎によって造られた呼称である。『草木図説』（江戸後期）には半野生のアカザと芯葉の紅のうすい「のあかざ」が記述されている。

〈引用文献〉

梅本信也・石神真智子・山口裕文　二〇〇一「ミャンマー国シャン高原における陸稲の収穫とタウンヨー族の打ち付け脱穀石」『大阪府立大学農学生命科学研究科学術報告』五三：三七-四〇。

小林央往　一九八八「ヒエ・アワ畑の雑草――擬態随伴雑草に探る雑穀栽培の原初形態」佐々木高明・松山利夫編『畑作文化の誕生』日本放送出版協会、一六五-一八七頁。

谷本忠芳　二〇〇一「日本の野生サトイモと栽培サトイモ」山口裕文・島本義也編『栽培植物の自然史――野生植物と人類の共進化』北海道大学図書刊行会、一五一-一六一頁。

中尾佐助　一九七七「半栽培という段階について」『どるめん』一三：六-一四。

中尾佐助　一九八二「パプア・ニューギニアにおける半栽培植物について」小合龍夫編『東南アジア及びオセアニアの農村における果樹を中心とした植物利用の生態学的研究』七-一九頁。

中山祐一郎・保田謙太郎　二〇一三「ヤナギタデの栽培利用――『葉タデ』と『芽タデ』と愛知県佐久島の半栽培タデ」　山口裕文編『栽培植物の自然史Ⅱ――東アジア原産有用植物と照葉樹林帯の民族文化』北海道大学出版会、二三一-二五二頁。

堀田満・緒形健・新田あや・星川清親・柳宋民・山崎耕宇編　一九八九『世界有用植物事典』平凡社、全一四九九頁。

三村真紀子・山口裕文　二〇一三「栽培アズキの成立と伝播――ヤブツルアズキからアズキへの道」山口編『栽培植物の自然史Ⅱ』（前掲）三一-四三頁。
藪野友三郎　一九八一「ヒエ属植物の分類と地理的分布」『種生物学研究』五：八六-九七。
藪野友三郎　二〇〇一「ヒエ属植物の分類と系譜」藪野友三郎監修・山口裕文編『ヒエという植物』全国農村教育協会、一五-三〇頁。
山口裕文　二〇〇一「栽培植物の分類と栽培化症候」山口・島本編『栽培植物の自然史』（前掲）三-一五頁。
山口裕文　二〇〇七「アイヌのヒエ酒に関する考古民族植物学的研究」『アイヌ文化振興・研究推進機構助成研究（平成一七年～平成一八年度）成果報告書』大阪府立大学生命環境科学研究科、全四六頁。
山口裕文　二〇一二「植物の与える癒し――野生植物から栽培植物まで」林良博・山口裕文編『バイオセラピー学入門――人と生き物の新しい関係をつくる福祉農学』講談社、六-二一頁。
山口裕文　二〇一六a「ブータンの小粒小豆セームフチュン」山口裕文・金子務・大形徹・大野朋子編『「中尾佐助　照葉樹林文化論」の展開――多角的視座からの位置づけ』北海道大学出版会、五八九-五九三頁。
山口裕文　二〇一六b「東アジアにおける栽培植物の近縁雑草に関する生物学的研究」『雑草研究』六一（二）：七三-七八。
山口裕文・梅本信也　二〇〇三「東アジアの栽培ヒエとひえ酒への利用」山口裕文・河瀬真琴編『雑穀の自然史――その起源と文化を求めて』北海道大学図書刊行会、一〇一-一一三頁。
吉崎昌一　二〇〇三「先史時代の雑穀――ヒエとアズキの考古植物学」山口・河瀬編『雑穀の自然史』

（前掲）五二-七〇頁。
Harlan, J. R. 1965 The possible role of weed races in the evolution of cultivated plants. *Euphytica* 14 : 173-176.
Harlan, J. R. 1992 *Crops and Man*. Crop Science Society of America. 295pp.
Javadi, F., Ye Tun Tun, M. Kawase, K. Y. Guan, and H. Yamaguchi 2011 Molecular phylogeny of the subgenus *Ceratotropis* (genus *Vigna*, Leguminosae) reveals three eco-geographical groups and Late Pliocene-Pleistocene diversification : evidence from four plastid DNA region sequences. *Annals of Botany* 108 : 367-380. doi : 10.1093/aob/mcr141.
Makino, T. 1910 Observations on the flora of Japan. *Tokyo Botanical Magazine* 24 : 13-22.
Meyer, R. S., A. E. DuVal and H. R. Jensen 2012 Patterns and processes in crop domestication : an historical review and quantitative analysis of 203 global food crops. *New Phytologist* 196 : 29-48.
Meyer, R. S. and M. D. Purugganan 2013 Evolution of crop species : genetics of domestication and diversification. *Nature Reviews Genetics* 14 : 840-852.
Schwanitz, F. 1966 *The Origin of Cultivated Plants*. 175pp. Harvard Univ. Press, Cambridge, MA.
Yabuno, T 1966 Biosystematic study of the genus *Echinochloa*. *Jap. J. Bot.* 19 : 277-323.
Yamaguchi, H. 1992 Wild and weed azuki beans in Japan. *Econ. Bot.* 46 : 384-394.
Yamaguchi, H. and S. Umemoto 1996 Wild relatives of domesticated plants as genetic resources in disturbed environments in temperate East Asia : A review. *Applied Biological Science* 2 : 1-16.
Yano, A., K. Yasuda and H. Yamaguchi 2004 A test for molecular identification of Japanese

archaeological beans and phylogenetic relationship of wild and cultivated species of subgenus *Ceratotropis* (Genus *Vigna*, Papilionaceae) using sequence variation in two non-coding regions of the trnL and trnF genes. *Econ. Bot.* 58 (suppl.) : 135–146.

第3章　近代育種から遺伝子組換えまで

大澤　良
Ohsawa Ryo
植物遺伝育種学・生物資源保全学

1　はじめに

品種改良、すなわち「育種」の歴史は古く、農耕の発祥とほとんど同時に作物や家畜の改良が始まったと考えられる。しかし一般に、近代における品種改良、すなわち「近代育種」は一九〇〇年のメンデルの法則の再発見以降に始まったと考えられている。

この育種という言葉は必ずしも一般の方々になじみ深い言葉とはいえない。この言葉は横井時《とき》敬《よし》（一八六〇－一九二七）が『栽培汎論』〔一八九八〕において、「新品種を育成するを目的」とする「選種法は之を育種と名づけ」と定義したことに始まるとされてきた。明峰《あけみね》正夫もその著書『作物育種学』〔一九一二〕において、「作物育種学とは作物の新品種育成に関する理論及び其応用を講ずるの学なり故に審に之を記載せんと欲せば作物品種育種学と称すべきものなれども字句の簡単を計る為め博士横井時敬氏の用ゐたる称呼を踏用し作物育種学なる名称を用ふることゝせり之を種子の育成に関する学と誤ること勿れ」と記している。この記述からして「育種学」の名づけ親は明峰であろうが、生井兵治氏の調査［二〇〇三］によれば、「育種」を造語した人物が横井であるとする確かな証拠はなく、わが国最初の育種場である三田育種場開場（一八七七年）の歴史から考え、初代場長の前田正名《まさな》（一八五〇-一九二一）が造語者であろうとしている。

いずれにしても、わが国での意識的な「育種」の始まりは一九〇〇年以前の明治中頃である。本稿では、育種を近代育種の始まりから現代までの育種技術の変遷としてとらえていきたい。

野生植物から栽培植物が成立する過程は栽培化現象である。栽培化は品種改良とは異なる。栽培化は野生植物に対する人間の働きによって、意識的・無意識的にその性質を遺伝的に改良し、その産物が人間にとってより有益になるようにすることである。栽培化されることによって、たとえば種子作物では脱粒性が減少し、種子の大きさが大きくなり、休眠性が減少し、光周性が減少し、早生化するなどの傾向が観察される。これらは生物の諸特性に生じた栽培化シンドロームとして知られている。形態的変化であれば、一粒二〇mg程度の野生ダイズのツルマメ（*Glycine soja*）から一粒二〇〇～三〇〇mgのダイズ（*Glycine max*）への変化、穂の長さが五～一〇cm程度のエノコログサ（*Setaria viridis*）から二〇～三〇cmのアワ（*Setaria italica*）への変化、あるいはダイコンやリンゴに見られるような目的形質の巨大化・大型化がわかりやすいであろう。また、穀物の脱粒性も栽培化の重要な形質である。野生植物の多くは結実するとポロポロ落ちる脱粒性をもつが、これは種子散布に不可欠な適応的形質である。一方、栽培化された植物ではその性質は失っている。ほかにも、日本のイネは野生種に比べ発芽から結実までが半年から数カ月短縮されており、このような生理的変化や休眠性の喪失などである。

栽培化された植物は作物となる。作物は長い栽培の歴史のなかで人間にとって都合のよい遺伝的改良が加えられて、生物本来の姿としては奇形的になっているため、人間の管理下でなければ生存できないものが多い。その作物がさらに人間のさまざまな要望に応える形で人為的に改良され、特定の遺伝的な特徴をもつようになったものが品種である。この「品種」の語は横井時敬が『栽培汎論』で用いた造語である。横井は「農学栄えて農業滅ぶ」の名言を残した人物として知られている。明峰［一九一二］は作物の品種の定義として、「本邦に於ける普通の用法に従へば一種の作物中に於て異なれる性質を有し且つ此形質が子孫に遺伝するときは其形質を有する一群を指して品種と称す」としている。当時、英米国において同様な使われ方をしている語としては「Cultivated Variety」が、ドイツでは用語が一定となっておらず、「Varietat」あるいは「Sorte」などが同様な意味で使われていることを紹介している。

ダーウィンはその著書『種の起原』の中で、「すべての品種がいまみられるような完全な、また有用なものとして、突然に生じたとは想像できない。実際、いろいろの例で、品種の歴史はそのようなものではないことが、わかる。そのかぎは、選択をつみかさねていかれる人間の能力にある。自然は継起する変異をあたえ、人間はそれを自分に有用な一定の方向に合算していく。この意味で、人間は自分自身に役だつ品種をつくりだしていくのであるといえる」と述べている。植物は作物に変身した後も、それぞれの時代や地域の自然環境さらには社会的要請を反映しながら改良され、遺伝的に固有の特徴をもつ「品種」となったのである。

ちなみに、国立遺伝学研究所の倉田と久保［二〇一二］は、イネでは栽培化と品種の多様化に関する研究を進め、イネのもつおよそ三万二〇〇〇個の遺伝子のうち、野生イネと栽培イネとの間では三〇五個の遺伝子の変化が認められ、ジャポニカ型イネとインド型イネとの間には一一二〇個の遺伝子の変異が認められているとしている。また、ダイズでもValliyodanら［2015］は、栽培化にかかわる遺伝子はその後の品種の多様化にかかわる遺伝子数より少ないことを示している。これらの例などは、まさに栽培化には野生状態での適応性を失わせるような基本的な変異が必要であり、その数はけっして多いものではなく、その後、作物として栽培環境や人びとの好みに応じてきわめて多様な変異が多数の遺伝子によって形成されてきたことを示している。この多様化の変異は無意識的あるいは意識的選抜（育種）がもたらしたのである。

育種とは、人間が希望する方向へ生産機能を改変し、これまでにない新しい有用な遺伝子型をもった集団を創造するための操作技術であり、育種の実体は技術を駆使した「事業」である。多くの場合、既存品種の不良形質の改良に主体がおかれるため、「品種改良」ともよばれる。きわめて簡単にいえば、育種技術とは、植物集団中にある有用な遺伝子の頻度を高めることによって、あるいは異なる集団にある有用な遺伝子を交配などにより集積させることによって、より性能が優れた集団を作りあげる手順のことである。

育種の効果を生産性（収量）の向上で示すと図1のようになる。「育種」の役割は、遺伝的に生産性の能力を上げることと、害虫や病気などの被害や雑草との競合など生物的ストレスあるいは乾燥や低温など非生物的ストレスによる生産性の減少を、遺伝的な抵抗性を付与することで減少させることである。もちろん生産性の向上には栽培技術に負うところが大きいが、個々の作物の潜在能力を上げてきたのが「育種」であるといえる。

育種という言葉が使用される場合に、育種イコール「変異作出技術」あるいは「変異拡大技術」として用いられることが多い。

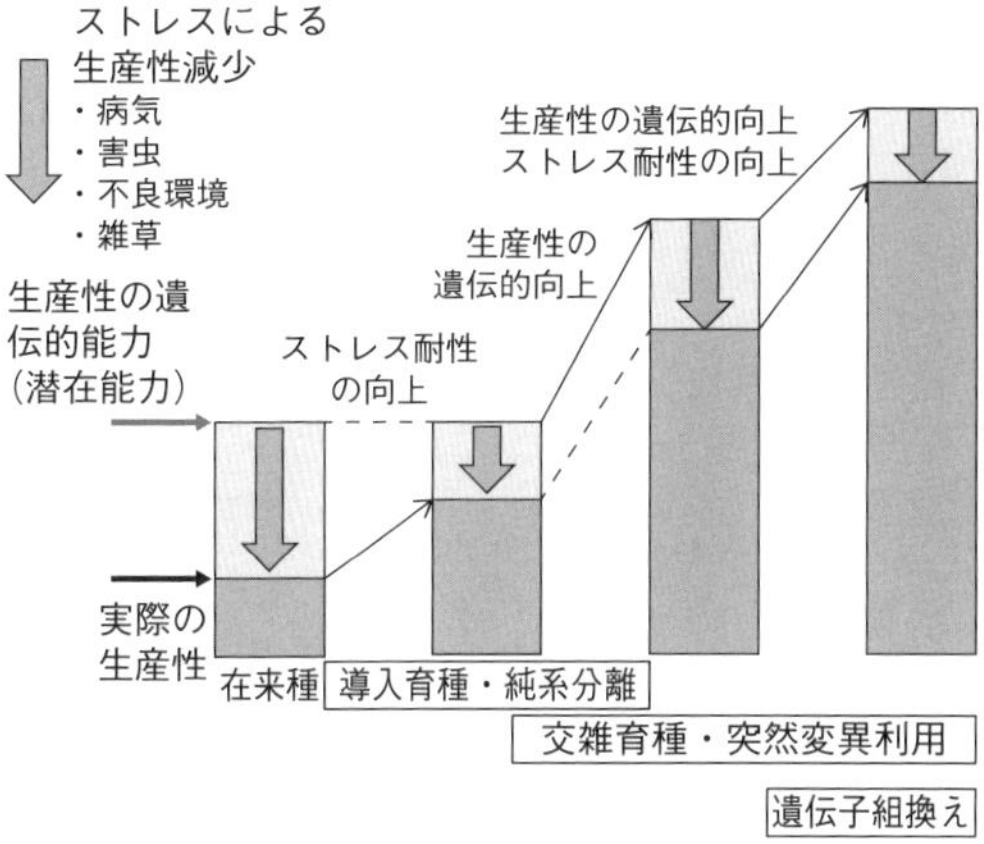

図１　生産性の向上に関する育種の効果

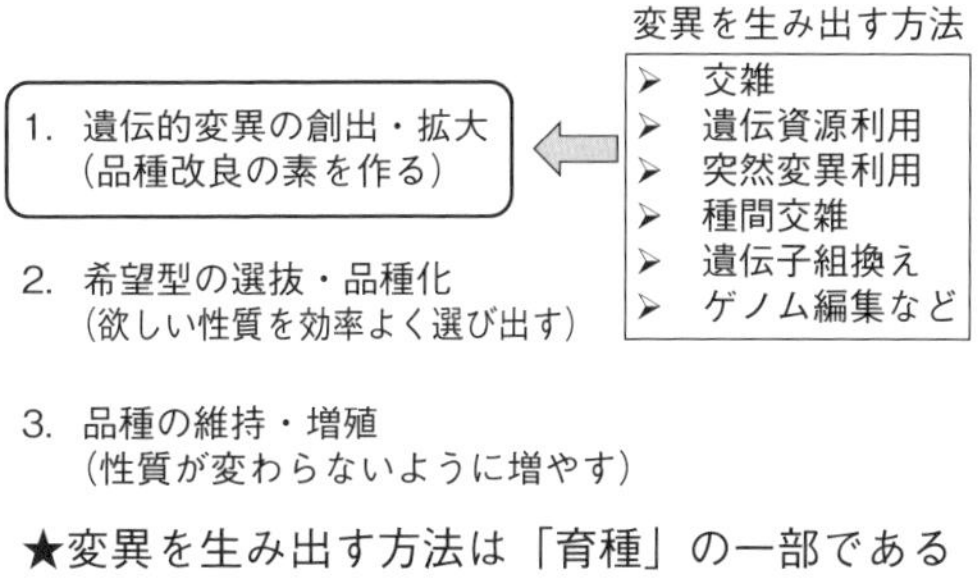

図２　品種改良（育種）の３原則

「育種技術」は品種改良の三原則である、変異拡大、選抜、維持・増殖の全過程をさすのである（図２）。

したがって、生物個体の遺伝的改変技術は育種の基盤でありさまざまな手法があるが、育種そのものではなく、「遺伝子組換え（GM）技術」などの新技術は、あくまでも変異作出技術の範疇に入る。

2 育種小史

農耕の起原がおよそ一万二〇〇〇年前だとして、その後の絶え間ない改良からみれば、近代育種は一五〇年ほどの歴史でしかない。しかしその背景にあるものは、常に人びとが食を得るために努力しつづけてきたことであり、その一翼を担ってきたのが育種であるといえる。現在の世界人口は約七二億で、三〇年後には九〇億を超えると予想されている。この人口をどのように養うのかが農業が立ち向かう現実であるともいえる。米国の思想家であり、環境活動家として有名なレスター・ブラウンは著書『フード・セキュリティー』の中で、石油不安と食料不安とは根本的に異なる問題であり、空っぽのガソリンタンクと空っぽの胃袋を同一視できない、石油の代替品はあるが、食料の代替品はないと述べている。

食料増産の手立てとしては土地資源利用、水資源利用、栽培技術改良、すなわち肥料をどのように使っていくのか、雑草をどのように制御するのか、さらに品種開発があげられる。土地資源や水資源の枯渇は大きな問題であるが、本稿では品種改良の役割について注目して進めることにする。

人類の歴史上、育種が果たしてきた大きな役割は食料生産の向上にあると筆者は考えているが、今、誰のための育種になっているのかについて少し言及しておきたい。日本人の多くは、品種改良のイメージとして、身体にいい成分を作るトマト、カラフルな野菜、もちもちした米、甘いメロンなどがあり、実際にこれらの品種は人気を得ている。しかし、一方で、たくさん穫れるイネ、病気に強い、害虫に強い、いろいろな地域で穫れるなど、食料生産に直接かかわる品種改良を理解するのは難しいようである。農林水産省の『農林業センサス』によれば、二〇一〇年の基幹的農業従事者、簡単にいえば専業農業者は二〇五万人にすぎず、平均年齢は六五歳を超えており、三五歳以下になると従事者のうち三%以下と、まるで絶滅危惧種のようになっている。この日本の現状からすると、「食料生産」あるいはそれにかかわる育種の話が理解されにくいのは、当たり前なのかもしれない。

一般に、近代育種はメンデルの法則の再発見からとされている。育種の歴史からみると、メンデル遺伝学の知識を基本にした育種は交雑育種法からであるため、そのとおりであるともいえるが、メンデルの再発見以前に育種の体系がなかったわけではない。近代育種の始まりの定義は、遺伝現象に基づく「意識的」選抜からであるとすることもできるのではないだろうか。

(1) メンデル以前

ここで育種の歴史を表1の年表に従って、海外と日本と見比べながらふり返っていくことにする。一八四三年に英国のロザムステッドに世界で最初の農事試験場が設立され、その三年後にア

表1　育種小史

年	育種法の変遷		海外	日本
1843	導入育種		英国ロザムステッドに世界で最初の農事試験場が設立される。	
1846			アイルランドのジャガイモ作に疫病が蔓延し、1850年までの大飢饉（The Famine）が始まる。100万人以上が餓死し、150万人以上が他国へ出る。 フランスのVilmorinが欧州全土から収集したジャガイモ品種は177であった。	
1859			英国の　Darwinが'Origin of Species'（種の起原）を著す。	
1865			Mendelが、ブリュン自然研究会でエンドウの交雑実験結果に基づく遺伝法則を発表。	
1871			米国のBurbankがジャガイモについた果実から種子を得て、その実生からのちに品種'Burbank Potato'を育成。	東京青山に東京農業試験場が設立され、輸入の作物や家畜の栽培・飼育が試みられる。
1872				大蔵省勧業寮内藤新宿試験場が造られ、大久保利通がとりよせた国内外の穀物、野菜、果樹の試作と、種苗の繁殖、配布を始める。
1877				第1回内国勧業博覧会が開催される。 芝の三田育種場が置かれ、最初の育種実験が行われる。 兵庫県の丸尾重次郎、無芒の自然突然変異体を発見。短稈・多収「神力」と名づけられ、全国に普及した。
1878				大久保利通内務卿の尽力で、農事修学場が駒場野に移転し、農学・農芸化学・獣医の三科を備えた駒場農学校となる。
1888				横井時敬『稲作改良法』出版。
1890			スウェーデンのNilssonがスワレフ研究所の所長に就任し、オオムギ、コムギ、エンバクなどで初めて穂別系統法を採用して育種に成功。	東京農林学校、6月に東京帝国大学の分科大学に編入され、農科大学となる。 横井時敬が東京帝大農科大学の講師として作物学汎論講座で稲作論を講義。

1891			スウェーデンのNilssonにより、純系分離法の一つとして系統育種法が提案される。	玉利喜造がオオムギで人工交配により、早生の一代雑種を得、雑種強勢を認める。
1892			スウェーデンのNilssonがコムギ、オオムギ、エンバク、ヴェッチなどで大規模な純系分離実験を開始。	
1893				山形県の阿部亀治、後に数多くの品種の親となった自然突然変異体を発見、「亀ノ尾」と名づける。
1895				北海道の江頭庄三郎、イネ品種「赤毛」から耐寒性・無芒個体発見、「坊主」と名づける。耐寒性の強い品種として、北海道の石狩、空知、上川地方に普及し稲作北限の拡大に貢献。
1898				横井時敬『栽培汎論』出版。
1900		交雑育種	オランダのdeVries、ドイツのCorrensおよびオーストリアのvon Tschemakにより、それぞれ独立にメンデルの法則が再発見される。 デンマークのJohannsenがインゲンマメを用いて純系分離の実験を開始。	
1901			オランダのdeVriesがオオマツヨイグサの交配実験から、「進化の突然変異説」を提唱。	
1903			デンマークのJohannsenが遺伝における「純系説」を提唱。	岐阜師範学校の臼井勝三が『信濃博物学雑誌』第7〜9号にメンデルの法則を初めて紹介。 国立農事試験場畿内支場の加藤茂苞がイネおよびムギ類の交雑育種に着手し、また重要形質の遺伝様式を解析。
1904			米国のEastがトウモロコシで連続自殖の実験を開始。	農事試験場畿内支場で、イネおよびムギ類の品種改良に着手。イネは加藤茂苞が担当。 農事試験場畿内支場で全国から水稲品種を集めた結果、その数約3,500品種となる。 加藤茂苞がイネの人工交配に成功。

年	育種法の変遷			海外	日本
1906	↓導入育種・純系分離	↓交雑育種		スウェーデンのNilsson-Ehleにより集団育種法が提案される。	東京帝国大学農科大学教授の池野成一郎が、著書『植物系統学』の中でメンデルの法則を解説。
1909				デンマークのJohannsenがMendelの仮定した遺伝因子をgene（遺伝子）と名づける。 米国のShullがトウモロコシの品種改良に一代雑種の利用を提案。	
1910				米国のMorgan一派がショウジョウバエでの広範な実験により、遺伝子が染色体上にあることを立証。 米国のSturtevantがショウジョウバエで生物最初の連鎖地図を作成。	農事試験場陸羽支場の寺尾博により、イネおよびダイズで純系選抜による育種が開始される。 岡田鴻三郎と加藤茂苞がイネ・ムギ類でもメンデルの法則が成り立つことを証明。
1912					千葉高等園芸学校教授で文学士の阿部文夫が『作物品種改良論』を有斐閣より出版。 明峰正夫『作物育種学』裳華房より出版、題名に育種の名をもつ日本最初の書。
1913				米国のHarlanがオオムギの遺伝資源を求めて探索行を始める。	農事試験場本場で交雑育種が開始される。
1914				米国カーネギー研究所にいたShullがヘテロシスの語を造り、その概念を提示する。	7月勅令第116号で東北帝国大学農科大学（後の北海道帝国大学農学部）に育種学講座を設置。日本最初の育種学講座。 純系選抜法により、イネ品種「愛国」より「陸羽20号」が育成される。 園芸試験場の永井計三によりナスで野菜最初の一代雑種の実験が行われる。
1921					農事試験場陸羽支場の寺尾博と仁部富之助によりイネ品種「陸羽132号」が育成される。国立機関で交雑育種により育成された最初の水稲品種。
1923					「魁（さきがけ）」と「坊主」の交雑から「走坊主」が育成される。これにより北海道の稲作北限が遠別、名寄、十勝、日高にまで広がる。

1926			コムギ・水稲・陸稲の交配による組織的育種開始。
1928	突然変異利用	米国ミズーリ大学のStadlerが、オオムギの発芽種子にX線を照射して、人為突然変異誘発に成功。 スウェーデンのNilsson-EhleとGustafssonが人為突然変異の育種への応用のための実験を開始。 ソ連のMichurinが果樹育種開始。	
1931			新潟県農試長岡試験地で水稲の最初の農林番号品種「水稲農林1号」が育成される。
1935			世界のコムギ多収品種育成の親となった小麦「農林10号」が稲塚権次郎により岩手県立農事試験場小麦育種地方試験地で育成される。 禹長春がアブラナ属種間の類縁関係を表す「禹の三角形」を発表。
1936			温州ミカンの原木が、鹿児島県出水郡東長島村鷹巣で発見され、樹齢約300年と推定される。
1940	遺伝資源利用	ソ連のVavilovが、栽培植物の発祥中心地を世界の7地域にまとめ、『ソヴィエト科学』誌に発表。	
1953		米国のWatsonと英国のCrickがNature誌にDNAの二重ラセン構造説を発表。	
1956			福井県農試でコシヒカリ（水稲農林100号）が育成される。
1958	組織培養	米国のStewardらは、ニンジンの根の単細胞から培養によって植物体の再分化に成功。	アマ、タイマ、除虫菊、薬用人参、ホップなど特用作物の育種試験地が廃止される。
1960		国際稲研究所（IRRI）が設立される。	青森県農試藤坂試験地で、集団育種法による最初の水稲品種「フジミノリ」が育成される。

年	育種法の変遷						海外	日本
1961	↓導入育種・純系分離	↓交雑育種	↓突然変異利用	↓遺伝資源利用	↓組織培養		米国ワシントン州立大学のVogelが､日本の「農林10号」を親として、コムギの最初の多収品種 'Gains' を育成。	
1962							メキシコのCIMMYTで米国のBorlaugらが「農林10号」の血をひいたメキシコ最初の矮生多収品種 'Pitic 762' および 'Penjamo 62' を育成。“緑の革命” をもたらす.	この年より1965年までの4年間、農林水産技術会議事務局による組織的なイネ在来種の収集が行われる（1,302点を得る)。 園芸試験場でリンゴ品種「ふじ」（農林1号）が育成される。
1966								人為突然変異による日本最初の実用品種「レイメイ」（耐倒伏性多収）が育成される。
1970							CIMMYTのBorlaugに、コムギの品種育成によりインドやパキスタンのコムギ生産を飛躍的に増大させいわゆる「緑の革命」をもたらした功績をたたえノーベル平和賞が授与される。 米国の一代雑種トウモロコシのT型細胞質を侵すごま葉枯病菌による被害が大発生。	農林省植物ウイルス研究所の長田敏行と建部到が、タバコ葉肉組織からとった1個のプロトプラストから植物体の再生に成功。
1972							米国のCarlsonらは、タバコ属の種間で細胞融合により初めて体細胞雑種を作成する。	
1973						生物の遺伝子組換え	米国スタンフォード大のCohenらが、アフリカツメガエルの細胞から抽出したDNA断片を大腸菌プラスミドのDNAに結合し、大腸菌に移入して、その中で増殖させることに成功。	
1975							2月サンフランシスコ郊外のアシロマで遺伝子操作の安全性に関する会議が開催される（アシロマ会議)。	
1978							ドイツのマックスプランク生物学研究所のMelchersが、トマトとジャガイモの細胞融合により、交雑不可能な属間における最初の体細胞雑種ポマトを作出。	

1982						植物の遺伝子組換え	フランスの遺伝育種研究所のChiltonが、*Agrobacterium rhizogenesis*のRiプラズミドを利用して、ニンジンで植物細胞で最初の形質転換に成功する。	
1986							米国USDA、EPA、FDAがバイオテクノロジー規制の調和的枠組み公表。	
1987							米国USDA-APHISの組換え植物の取り扱いに関する規則を策定。	
1993							生物多様性条約効力発生。	日本の生物多様性条約締結。
1994							遺伝子組換えトマト‘FlavrSavr’市販。	
1995								生物多様性国家戦略の策定。
2000							生物多様性バイオセーフティカルタヘナ議定書採択。	
2003							カルタヘナ議定書発効。	
2004								カルタヘナ法制定。
2006							世界の遺伝子組換え農作物の作付面積1億*ha*突破。	
2016								国内で遺伝子組換え農作物は116品種が承認されている。

出典：鵜飼［2005］『植物改良への挑戦』収録の「育種学小史—年表」を元に、追記・改変して筆者作成。

イルランドのジャガイモに疫病が発生し、大飢饉が生じている。これは後述するように、この頃ヨーロッパで栽培されていたジャガイモの遺伝的多様性が脆弱であったためとされている。当時、フランスのヴィルモランがヨーロッパ全土から集めたジャガイモの品種数は一七七と記録されているので、各地では数種が作られていたにすぎないと想像できる。その一〇年ほど後にダーウィンが『種の起原』を記している。それとほぼ同じ時代の一八六五年、メンデルによってブリュン自然研究会でエンドウの交雑実験結果に基づく遺伝法則が発表されている。この成果が日の目を見たのは三五年後の一九〇〇年である。

交雑育種に基づく近代育種の前は、自然突然変異をそのまま利用することが主流であった。一八七七年に兵庫県の農家丸尾重次郎は、自らの田で栽培していた水稲「程良《ほどよし》」の中に三本の芒《のげ》のない穂を見出した。これを試作すると草丈が短く、穂数が多く多収であった。神仏のご加護のもとに得られたと考え「神力《しんりき》」と名づけた。「神力」は当時の稲としては極端に穂数が多い品種であり、極多収であった。当時、魚肥や豆粕などの肥料が出回りだした時代であり、肥料を与えても倒伏することがない耐肥性に優れた神力は、この時代を追い風に広く農家に受け入れられていった。この品種は、昭和になって西日本におけるイネ育種の親として活躍することになる。ほかに「関取」「竹成」「雄町」「亀ノ尾」などの品種は、それぞれ短稈、無芒、多収性、長稈大粒、早熟性の自然突然変異として得られたものである。北海道においては、江頭庄三郎がイネ品種「赤毛」から耐冷性の個体を見つけ、穂先の芒がないことから品種「坊主」とした。この品種をもとにして北海道での稲作が普及した。

(2) メンデル以降

メンデルの法則は一九〇三年、すでに日本に紹介されていた。同年には加藤茂苞《しげもと》がイネおよびムギ類の交雑育種に着手し、草丈、穂長、芒の有無、開花期など一八の重要形質の遺伝様式の解析を開始している。わが国の育種は、欧米に比して後れをとっているものではなかった。メンデルの法則が記事として日本に初めて紹介されたのは、『信濃博物学雑誌』第七~九号(一九〇三―一九〇四)に掲載された岐阜師範学校の臼井勝三による「メンデル氏の法則」である。

メンデルの法則の再発見とともに、品種改良の基本的な原理として役立ったのはヨハンセンによる「純系説」である。コムギやイネの粒の大きさや重さなど量的形質の改良に大きな影響を与えた。ヨハンセンはインゲンマメを使って個体間の変異には遺伝する変異と遺伝しない変異があり、遺伝する変異にのみ選抜効果があることを示した。この考えが純系選抜法のもととなり、交雑育種が始まるまでの育種法の主流となった。日本でも純系選抜育種は、明治末にイネ育種に採用され昭和初期まで主流であった。イネでは農務省農事試験場陸羽支場(秋田県大曲)における「愛国」に対する純系選抜が有名である。東北地方の「愛国」は一九〇三年の冷害によって大打撃を受けた。そこで「愛国」由来の五〇系統から成熟が良い一系統が選ばれ、「陸羽20号」となった。

遺伝的に異なる雌雄をかけあわせる交雑を用いる改良法は、自然交雑に似ており自然な改良法といえる。交雑に基づく改良法の基礎となるのがメンデル遺伝学である。交雑育種こそが近代育種の根底を支える育種法であるといえる。

交雑育種が本格的になったのは昭和に入ってからで、一九二六年からコムギ、水稲、陸稲について、国立および府県試験場を統一して交配による組織的育種が開始された。水稲育種については生態学的考えをとりいれて全国を九生態地域に分け、各地域に地方農事試験場を指定するとともに、地方育種試験地がおかれ育種組織が整備された。一九三一年には、「森多早生」×「陸羽132号」の交雑からイネの「農林1号」が育成された。日本はもとより世界中で多くの作物種で品種育成がなされてきたが、その主流は今も交雑育種であるといっても過言ではない。身近なところでいえば、「コシヒカリ」や「あきたこまち」は長年にわたる複雑な交雑育種（図3）の成果であるといえる。そのスタートとなっている品種には上述した「亀ノ尾」や「愛国」があり、篤農家によって個体選抜された優秀な品種が親となって、今の日本の多様な品種が育成されてきたのである。交雑育種では基本的に自然突然変異が丹念に集積されて作られてきた在来種などがもつ特性が利用されてきたのである。

しかし、変異個体が期待されるものの、在来種には見出せない変異もあるため、人為的に変異を生み出す試行が始まった。一九二八年に米国のスタッドラーがオオムギで人為突然変異の誘発に成功し、スウェーデンのエーレとグスタフソンが突然変異の育種への利用を開始し、本格的な

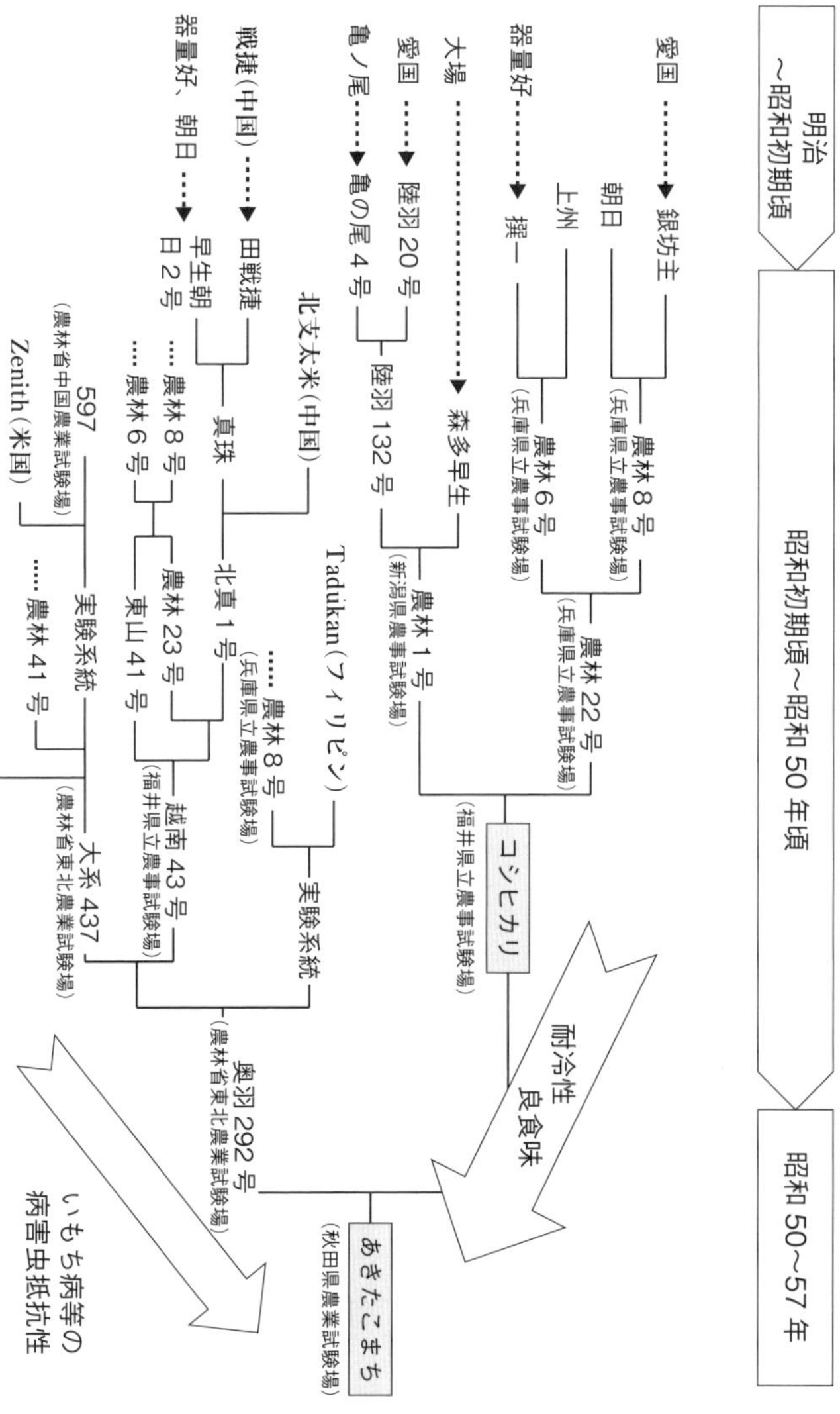

(注) 品種名の下の括弧書きは、育成地。
図3 コシヒカリ・あきたこまちが育成されるまでの歴史
出典：農林水産省 鈴木富男氏提供。

突然変異利用が始まった。現在では、放射線あるいは化学変異原を使った突然変異誘発はごく普通の技術とされ、イネでは一九六六年に日本で初めての人為突然変異による実用品種である耐倒伏性多収の「レイメイ」が育成された。またナシの重大病害である黒斑病抵抗性も見出され、「ゴールド二十世紀」として広く普及している。

交雑育種以外には、トウモロコシの生産性を飛躍的に向上させた一代雑種育種が代表的な近代育種法としてあげられる。交雑した子ども世代の能力が両親に勝る現象は一八世紀から知られていた。米国のシャルは一九一四年に、二つの近交系を交配した時のF_1が両親に比べて著しい強勢を示すことをヘテロシスと名づけた。米国におけるトウモロコシのヘテロシス育種はジョーンズ(一九二四)による複交雑の開発で初めて軌道にのり、一八六五年の南北戦争終結以来 *ha* あたり一・六 *t* 程度で低迷していた収量は、一九三〇年からの三〇年で三 *t* 以上と倍増した。さらに一代雑種育種法の改良により、一九九〇年代には八 *t* を超えるようになった。イネの一代雑種育種は、中国において袁隆平《エンロンピン》博士の功績で大きく発展した。

また、私たちがふだん食べている野菜でも一代雑種育種が普及しているが、ヘテロシス利用というよりは、育成者の権利が保護できることと、二つ以上の形質を合わせた品種が迅速に育成できるなどの利点で利用されている。この一代雑種育種法に関して、農民の採種の権利を奪う、あるいは在来種を消滅させるなど否定的な論調も散見されるが、種苗会社が品種を育成して、その権利を守ることがなぜ否定されなければならないのか考える必要がある。商品を勝手に模倣して増やすことは一般に許されない。自動車メーカーが自動車を造って販売していることに疑問をもつ人は少ないと思う。その自動車を買うか買わないかは自由である。在来種をどのように守るかは重要な課題であるが、品種育成している種苗会社の製品（品種）を使うか使わないかも農家の自由である。貴重な変異の供給源である在来種の消滅は、種苗会社にとっても不幸な出来事である。種苗会社の品種育成が在来種を淘汰しているかのような論調には賛成できない。

近代の育種法には、ほかにも遠縁の種間交雑によって新規形質をもたせる遠縁交雑育種、染色体を倍加させる倍数性育種などがある。これらの手法は生物学の発展とともに開発されたものであり、多くの実用品種を生み出してきた。本稿で育種方法のすべてを語ることはできないが、興味のある方は、鵜飼［二〇〇五］の『植物改良への挑戦』がこれらの歴史を育種家の眼で整理し、一般読者にわかりやすく紹介しているのでぜひご一読願いたい。

（3）遺伝子組換え技術の始まり

近年の品種改良の代表として遺伝子組換え技術についてみると、世界で最初に市場に出された遺伝子組換え作物は、一九八七年に中国で育成されたウイルス病耐性のタバコ品種であり、食用としては一九九四年に日もちのよいトマト'FlavrSavr'が遺伝子組換えによる最初の品種とされている。トウモロコシではBt遺伝子を導入したアワノメイガに抵抗性の品種が一九九〇年に作出された。遺伝子組換え作物（Genetic modified Crops：GM作物）は世界中で栽培され、急速に栽培面積が増加している。食用作物とワタを合わせた栽培面積は一九九六年には一七〇〇万*ha*であったが二〇一五年には一億八〇〇〇万*ha*と一〇〇倍になっている。二〇一六年現在、トウモロコシでは世界の栽培面積一億八五〇〇万*ha*のうち約三〇%の五四〇〇万*ha*がGMトウモロコシであり、ダイズでは世界での栽培面積一億一一〇〇万*ha*の約八〇%である九二〇〇万*ha*がGMダイズとなっている。またナタネも世界中の二四%である八五〇万*ha*がGMナタネになっている。

日本では、遺伝子組換え生物等の環境中への拡散を完全には防止しないで行う行為である「第一種使用等」については、遺伝子組換え生物が農林水産物である場合は、農林水産省が環境省とともに、その生物多様性影響について審査している。二〇一六年三月現在、日本で第一種使用が承認され、栽培が認められている農作物はトウモロコシやダイズなど一一六品種である。

これらのGM作物の多くは、害虫抵抗性と除草剤抵抗性のどちらかあるいは両方をもっている。一方、「ゴールデンライス」のように、コメの胚乳でビタミンA前駆体を作らせるような栄養価を高める遺伝子組換えも育成されている。このイネによって、年間約五〇万人以上の開発途上国の子どもたちを、失明の危機から救うことができるとされている。それぞれ農薬使用量を減らす効果や栄養価を高める効果などであるが、誰からも歓迎されているという状況にはない。

クレブス［二〇一五］はその著書『食』の中で、食品安全性、道徳、生態学的脆弱性などの観点から世界的な社会受容の様相を説明している。しかし、二〇五〇年までに九〇億の人びとを養う挑戦として、私たちが使えるすべての技術的、社会科学的、および生態学的な知識を総動員することが不可欠であるとしつつ、GM技術は「魔法の弾丸」ではないが重要性はまだまだ増加する余地があること、新しい技術としては、事例ごとに、その利点だけではなくリスクについても注意深く評価していく必要性があると結論している。筆者もこの意見には強く同意する。遺伝子組換えによる品種育成の歴史は四〇年に満たず、育種史のなかでみて、その歴史は浅いのである。

3 育種がもたらしたもの——アジアでの「緑の革命」を事例に

一九四〇年以降に、国際的な取り組みによる研究開発と政策によって、開発途上国において主要穀物の飛躍的な増産が実現した。これが「緑の革命（Green Revolution）」である。

コムギについては、一九六二年にノーマン・ボーローグが高収量コムギの育成を行った。イネについては、一九六六年に国際イネ研究所が多収品種「IR8」を開発し、アジアにおける「緑の革命」の中心的役割を果たした。これにより一九六〇年代中頃に危惧されていたアジアの食料危機の回避が図られた。いずれも光合成エネルギーの大半を可食部の種子に移行させ、茎を短くして倒伏しにくくする方向の改良であった。

クレブス［二〇一五］も指摘しているが、コムギの茎の高さについては、ピーテル・ブリューゲルが「穀物の収穫」（一五六五年）で描いているように、きわめて背が高いのが普通である。また、日本の江戸時代の収穫の様子が宮崎安貞の『農業全書』の農事図に残っている（図4）が、

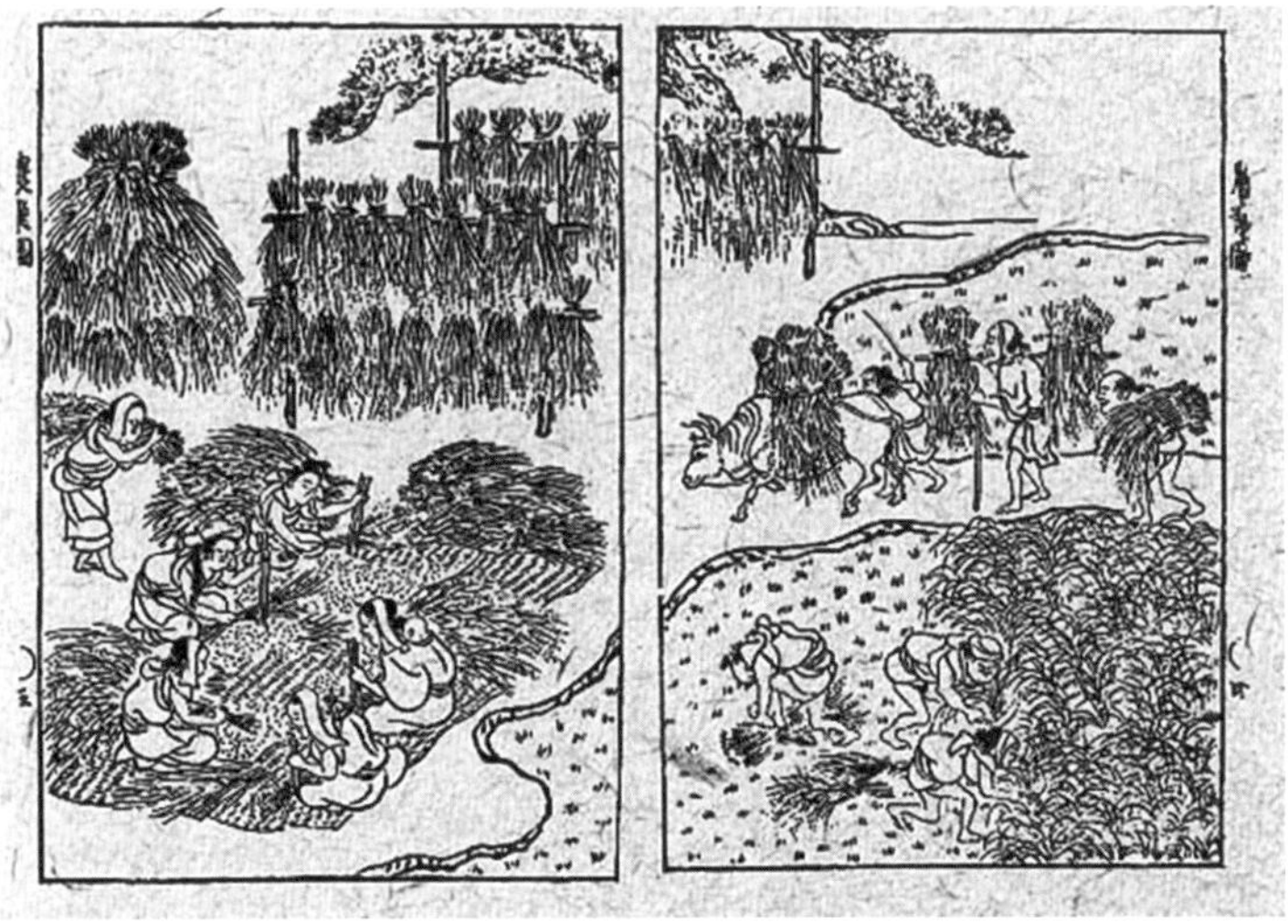

図4　絵画にみる緑の革命以前のイネの姿
出典：宮崎安貞『農業全書』一巻農事総論、農事図（筑波大学所蔵）より。

これを見ても当時のイネは草丈が一・五m近くあり、現代のイネよりはるかに高く、穂も短いことが見て取れる。コムギは日本の稲塚権次郎が一九三五年に育成した「農林10号」がもつ半矮性遺伝子を、イネでは台湾の在来品種「低脚烏《ていきゃくう》尖《せん》」がもつ半矮性遺伝子を利用したものであり、遺伝資源と交雑育種による近代育種の典型的な成果として知られている。

　この革命によってもたらされた穀物価格の低下は、支出に食料費の占める割合が高い貧困層への恩恵であり、土地生産性の向上により森林伐採や耕地の拡大へのインセンティブを弱め、自然保護へ一定の役割を果たした。しかし、この「緑の革命」は収量の増加や都市住民への安価な穀類供給という正の側面とは裏腹に、農民たちの貧困を少なからず助長する結果を招いたという負の側面も指摘されている。

4　近代育種と生物多様性――遺伝資源多様性について

品種改良は、外国品種の導入育種、在来品種からの純系選抜育種から始まり、次に在来品種間の交雑育種、改良品種間の交雑育種、突然変異育種、DNA組換え育種と進んでいる。図5に野生状態から近代育種、さらにモノカルチャーにいたる多様性の推移を示した。

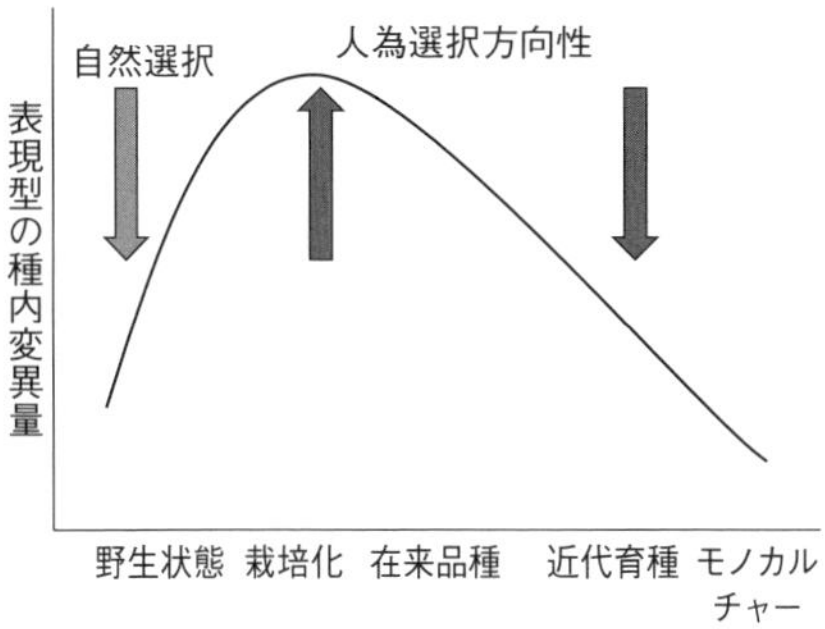

図5　作物における種内変異の推移

明治政府は農商務省農事試験場で品種改良を始めるにあたり、全国各県に照会して、昔から作っていたイネ品種を集めたところ、約四〇〇〇品種が集まった。同名異種、同種異名などを整理しても三五〇〇くらいあった。それらを加藤茂苞技師が約六〇〇に分類した。すなわち、今から一〇〇年前には多様なイネ品種が日本各地で栽培されていたことが明らかである。日本でイネの組織的な育種が開始されてから一〇〇年以上経過するが、その間に三〇〇以上もの新品種が育成されて、多収性、食味、栽培適性などが向上し、現在、奨励品種として全国で二〇〇〜三〇〇品種が作付けされている。だが、栽培面積のおよそ八〇%が、上位一〇品種で占められている（表2）。それもコシヒカリあるいはそれに由来する品種が多い。コシヒカリは良食味であり、しかも広域適応性が高く、北は岩手県から南は沖縄県までかなり広い範囲にわたって栽培ができる。

表2　わが国の水稲の作付面積（2014年）

順位	品種名	作付割合	系譜
1	コシヒカリ	36%	
2	ひとめぼれ	10%	コシヒカリ×初星
3	ヒノヒカリ	9%	黄金晴×コシヒカリ
4	あきたこまち	7%	コシヒカリ×初星×奥羽292号
5	ななつぼし	3%	（ひとめぼれ×空系90242A）×あきほ
6	はえぬき	3%	あきたこまち×庄内29号
7	キヌヒカリ	3%	（収2800×北陸100号）×ナゴユタカ
8	まっしぐら	2%	奥羽341号×山形40号
9	あさひの夢	2%	あいちのかおり×（月の光×65号）
10	こしいぶき	2%	ひとめぼれ×どまんなか

（注）作付け上位10品種のほとんどがコシヒカリの家系（コシヒカリの遺伝的背景をもつ）である。

しかし、限られた数の品種の栽培は遺伝的多様性の消失につながる危険性を孕んでいる。個々の農家では農業は小規模に行うレベルであり、多作物・多品種栽培が可能であるが、企業的農業では、大規模に行わないと利益が生じず、少作物・少品種栽培にならざるをえない。少作物・少品種栽培は作物の寡占化、品種の画一化を引き起こし、作物の遺伝的多様性の減少につながる。近代育種は、育種が進めば、一方でモノカルチャー化を進行させ、そのため貴重在来種など育種素材を失うという矛盾を抱えながら進行しているのである。

5　おわりに

わが国では、二〇五〇年の九〇億人の食を保証する技術の一つである育種が理解されにくくなっているのは間違いない。ＧＭではないにしても穀物生産の重要性が理解されにくいのである。身体にいいとか機能性が高いなどはわかりやすいが、多収性や耐病性、耐不良環境性など、食料生産に直結する育種は消費者には見えにくく理解されにくい。一方で、新しい育種技術を開発する側も、なぜこの開発が必要なのかを正面切って説明する気概が必要であろう。日本人一〇〇人のうち一～二人が農業生産をしている状況で、三五歳以下の担い手が一万人に二人というきわめて脆弱な食料生産基盤の上で私たちは生活をしている。「採集から栽培へ」という歴史的視野のなかで今後の食料を考えることが、近代農法の進むべき方向性を考えることにつながると思う。

〈引用文献〉

明峰正夫　一九一二『作物育種学』裳華房、全一七四頁。
鵜飼保雄　二〇〇五『植物改良への挑戦』培風館、全三四八頁。
倉田のり・久保貴彦　二〇一二「イネの栽培化の起源がゲノムの全域における変異比較解析により判明した」『ライフサイエンス 新着論文レビュー』クリエイティブコモンズ表示2-1日本。
クレブス、ジョン（伊藤佑子・伊藤俊洋共訳）　二〇一五『食――90億人が食べていくために』丸善出版、全二一二頁。
ダーウィン（八杉竜一訳） 一九六三『種の起原』（上）岩波書店、全二七一頁。
生井兵治 二〇〇三「育種という用語の由来に関する歴史的考察（1）『育種《そだてぐさ》』から『育種《いくしゅ》』までの変遷」『育種学研究』五：一六一－一六八。
ブラウン、レスター（福岡克也監訳） 二〇〇五『フード・セキュリティー』ワールドウォッチジャパン、全三五二頁。
横井時敬 一八九八『栽培汎論』博文館、全三四八頁。
Valliyodan et al. 2015 Landscape of genomic diversity and trait discovery in soybean. *Scientific Reports* 6 : 23598.

第Ⅱ部

採集と栽培

第*1*章　採集根茎――トコロの民俗

野本寛一
Nomoto Kanichi
民俗学

1　採集活動とトコロ

(1) 採集食物――脱落と残存

採集活動は始原の時代から狩猟・漁撈と併せて生計維持の重要な手段だった。その採集の対象は、植物を中心としながらも、貝・昆虫・卵・動きの少ない小動物などをも含むとされている。可食植物の栽培化、動物の家畜化が進むにつれ、さらには社会システムや経済活動が進展し、技術開発が進むにつれて生計維持構成要素のなかでの採集の比重は漸次減少してきた。しかし、採集要素は近代以降も、現在にいたるまで続いている。

産業構造や生活様式の変化にともない、しだいに採集食物を脱落させてきたのであるが、たとえば、穀物の栽培化、イモ類の導入など、農業が普及したことにより大幅に放棄・脱落させてきた採集物はクリ・コナラ・ミズナラ・シイ・マテバシイ・カシ類・トチなどの堅果類や、多くのデンプンを含むクズの根・ワラビの根・キカラスウリの根・キツネノカミソリの根など、根茎・

根塊・鱗茎類などだった。これらは主食系だといえよう。

これに比べて、春、大地から芽吹くコゴミ・ワラビ・ゼンマイ・フキノトウ・タラの芽・ウドなどの山菜類は、現在でも旬の食材として盛んに採集され、食されている。なかでも保存性に優れたゼンマイは、近代に入り、舶用食品などとして大量の需要があり、商品として流通システムに乗り、山のイエ、山のムラを潤してきた。そのゼンマイも山地住民の高齢化が進み、山の恵みをいただく形の採集から栽培作物へと転換しつつある。

現在まで命脈を保ちつづけている採集食物は植物に限ってみると、主食系ではなく、副食の一部、薬餌系・薬効伝承をもつもの、嗜好食物系だとみてよかろう。たとえば、栽培化されたクリは別として、サポニン・アロインを微妙に残存させることによって口中刺激と香りを楽しむトチの実（トチ餅など）をあげることができる。

（2）トコロ利用の多面性

ここでは、採集根茎類のなかで、現在まで食習が続いているトコロ（オニドコロ）をとりあげ、食習継続の要因、これまでトコロが果たしてきた役割などについて考えてみることにする。

トコロ（オニドコロ）はヤマノイモ科の多年生蔓草《つるくさ》で、匐根がふくらみ、多数のヒゲ根（細根）を簇生《そうせい》させる（写真1）。ヒゲ根の多いところから、「野老」の文字を当て、長寿祈願の呪物とし、また、トコロ（所領）安堵や、故地定住願望をこめ、正月飾りの蓬莱盤《ほうらいばん》に使ったり、正月行事に

写真1　自生トコロの根茎（青森県三戸郡田子町、2016年4月。撮影：以下ともに筆者）

使ったりする。根茎はサポニンを含有して苦みをもつが、食べることもできる。

トコロは、救荒、備荒食物としても知られる。建《たけ》部《べ》清庵《せいあん》の『備荒草木図』の「萆薢《ところ》」には次のように記されている。「根を横に剉《きざ》ミ能《よく》煮て、流水《ながれ》に一夜浸し、苦ミを去《さり》、又ハ灰湯《あくゆ》ニて能煎《よくに》熟《じゅく》し、水を換へ、浸《ひたす》こと二夜の後、蒸して食《くらふ》べし。又、米・麦などに合《ま》ぜ、炊《む》しても食べし。但し虚人《よわき》ハ多く食べからず。」――。

菊池勇夫氏は『飢饉の社会史』の中で、救荒食の製法と商品化について述べているが、なかでトコロの食法について言及している。また、同氏は岩手県遠野地方の凶作・飢饉にかかわる記録の中から、トコロに塩をつけて食べた例や、トコロと稗糠《ひえぬか》・大豆を搗き合わせて摺ったものに味噌をつけて食べた例などを紹介している。

筆者も、静岡市葵区田代の滝浪文人さん（大正六年生まれ）から次の話を聞いた。「田代の滝浪善之進（明治一〇年代生まれ）という人は、奥沢という所に八坪の蔵を作り、飢饉に備えて蔵いっぱいにトコロを貯蔵していた。」――。また、長野県下伊那郡天龍村坂部の鈴木愛正さん（明治二九年生まれ）によると、この地には、飢饉に備え、トコロの根茎を束ねて屋根裏にあげておく習慣があったという。正月の儀礼に用いられ、救荒食物として広く知られたトコロは、各地の神社で神饌としても多用されてきた。さらには、民間薬、河川毒流しの毒、防虫・除虫素材などとしても利用された。

右のようなトコロ利用に対して、トコロを常食としてきた記録もある。

『本朝食鑑』には、「薢　土古呂と訓む」、として次のようにある。「野老《ところ》は、各地の家圃に栽培されている。蔓は薯蕷《やまのいも》に似た葉を生じ、盌《わん》のように円大で、小尖がある。……根は老薑《ひねしょうが》・薯蕷の状に類して、節があり、長鬚が多い。これを煮ると根は黄色く鬚は白くなる。それで野老というのである。冬春、根を採って煮熟《よくに》て、鬚を抜き皮を去って、果として食べる。味は苦くて甘い。……」。トコロが栽培されていることを指摘し、主たる食季は冬・春、果として食したとしている。

深津正氏は以下のように述べる。「真黒な小刀つかう野老売り、という古川柳がある。これは野老売りが使う小刀が、根茎のあくで真黒に汚れている情景を詠んだものである。江戸時代にはトコロは各地で栽培され、食用にされた。……」。栽培・販売のみならず、この古川柳によれば、野老売りが、皮を剝ぎ、整えて提供する形があったこともわかる。

松尾芭蕉は『笈《おひ》の小文』の中に、「此山のかなしさ告げよ野老掘り」という句を残している。「此山」とは三重県伊勢市の菩提山、神宮寺の跡であり、この地にもトコロの食習があったことを示している。「野老掘り」は春の季語である。

和泉流狂言の固有曲に「黄精《ところ》」がある。奥丹波の僧（ワキ）が上洛の途次、能勢で、野老のための卒塔婆を見つけて弔っていると、野老の精（シテ）が現れて最期の様を語る。

要点だけを引く。「是は去年の春の比《ころ》、山人に掘り起こされ　身をいたづらになりし者の……」「山深く住みし所を　鋤鍬持つて掘り起こされて　三途の川にて振りすすがれて　地獄の釜に投げ入れられて　くらくらと煮ゆる所を　御慈悲深き釈尊に　掬い上げられ　たまたま苦患《くげん》の隙かなと思へば庖丁小刀おつ取のべて　髭をむしられ皮をたくられ　盛られし茶の子の数〳〵（叩き牛蒡・おこし米・串柿・甘葛）」……「我らがやうなる苦き野老は　縁高の隅をあなたへころりこなたへころり」……「放参勤めの茶の子になりし其故に」……とある。

ここには、トコロの採掘から洗浄、煮沸から皮むきにいたるまでのプロセスが正確に描かれている。採掘季は春である。列挙されている茶の子の中にトコロが加えられてはいるものの、その苦さゆえに好みや選択からもれることが書かれている。しかし、トコロは、禅寺で夜、経文を黙読する「放参勤め」に際しての茶の子に食されていた。苦みや口中刺激によって睡気を防いだものと考えられる。

ところで、手のとどく過去から現在にいたるまでトコロを採集し、常食してきた事例はないのだろうか。以下にその探索事例を示し、そこからみえるものを探ってみよう。

2　冬籠りとトコロ

(1)　冬季のトコロ常食

⑴平成一五年三月二日、カラトリイモ（里芋）栽培について学ぶために新潟県村上市山熊田の大滝ヤスノ家を訪れた。そこでは大滝キヨ子さんほか三人が集まって薪ストーブを囲み、談笑しながらシナノキ（科の木）の繊維を績《う》んでいた。キヨ子さんの横に新聞紙に包まれたトコロがあった。トコロは、ヒゲ根はついているものの、すでに煮てあり、食べるばかりになっていた。家族や仲間が集まる時、団欒しながら、ザルに入れたトコロの皮をナイフや庖丁で剝いて楽しみながら食べるのだと語りながら、手ぎわよく皮を剝き、食べてみろ、と勧めてくれた。色は薄い飴色に鬱金《うこん》色を混ぜたような色で、口もとへ運んだ瞬間微かな芳香が鼻孔を刺激した。口に入れて嚙む。ねっとりとした食感があり、ほろ苦い。抵抗感のある苦さではなく、「口が涼しい」といった印象だった。三〇分以上も口に爽涼感が残る。──

キヨ子さんは語った。トコロは一一月に掘る。家の中に置くと乾燥しすぎるので、テゴ（手籠）に入れて軒下に置いた。今ではナイロンの袋に入れて雪の中に埋めておく。三月頃までおくと苦みが薄くなる。煮てから流し場でよく揉む。揉むと泡が出る。揉むと色も味もよくなる。よく煮えたかどうかはヒゲ根が抜けるか否かでわかる。トコロは便秘に効く（新潟県村上市山熊田・大滝キヨ子さん・大正一二年生まれ）。同じ山熊田の大滝正家では正月のイタダキ膳にトコロを飾った。

(2)トコロは一一月に女衆が掘る。冬季、トコロを煮てザルに入れておき、家族が自由に食べた。トコロの煮方について大滝さんは次のように語る。一度煮てからその汁を捨て、トコロをコンクリートの上で揉む。よく揉んでからもう一度煮る。トコロは便秘の薬で、トコロを食べるとすぐに便所へ行きたくなる（新潟県村上市大沢・佐藤末吉さん・昭和四年生まれ、大滝和子さん・昭和一三年生まれ）。

(3)トコロは一一月、雪がチラッと降ると甘みが出ると言われており、その頃掘る。米糠を入れて煮ると苦みが薄くなり、味がよくなると言われている。トコロは冬の間常時煮ておき、家族が随時それを食べる。元旦には、膳に三重ねの鏡餅を飾り、その周囲にトコロ・ユリ根・干し柿・栗・昆布・スルメを盛り、松とヤドメ（イヌツゲ）の枝をのせる。イタダキと称して家の主がこの膳を家族すべての頭上にかざす（新潟県村上市雷・大滝和子さん・昭和一六年生まれ）。

(4)一一月の中で五日間または六日間、男たちが「イモ掘り」と称してタス（藁籠）と唐鍬を持って山に入った。イモとは、ヤマノイモ（自然薯）・ホド（土芋）・トコロの三種をさす。トコロは苦いが体によいと言われている。米の研ぎ汁で三時間以上煮れば強い苦みは抜ける。いったん干してからカマスに入れて保存する。そして、雪に降りこめられる冬季に、日々のオヤツとして煮て食べた（新潟県魚沼市三ツ又・中沢知一郎さん・大正六年生まれ）。

(5)冬囲いなどの雪に対する準備を終えると、友人二、三人とトコロ掘りに出かけた。トコロを上手に煮るには米糠や米の研ぎ汁を入れるとよいと伝えている。冬季、家族はザルに盛られたトコロの中からうまそうなものを選ぶようにして食べた。トコロは苦みがよい。整腸剤になると伝えられている。正月、「ヨロコブトコロ」＝「喜ぶ所」という吉祥呪誦をこめて、膳に飾った鏡餅の周囲に、ユリ根（ヨロ）・昆布（コブ）・野老（トコロ）を置き、さらに、栃の実・柿・栗・榧《かや》などを盛って、神棚に向かってイタダキを行う。大晦日には正月に食べるトコロを盛る。苗代の害虫に赤虫とよばれるミミズのような虫がある。赤虫が湧くと苗の上に土を盛りあげて苗の生長を妨げるので、トコロをつぶしてふり撒くとよいと言われている（山形県鶴岡市関川・五十嵐昭二さん・昭和二年生まれ）。

(6)トコロは雪の前に掘ってきて、土をかぶせ、藁をかけて雪ムロに保存した。冬季、トコロを煮てザルに入れ、ストーブの横に置き、家族や来客が自由に食べるという習慣がある。ストーブの季節にトコロがきれることはない。なお、当地には、子どもの七歳の祝いの時、トコロと、笹巻きと餅を神棚に供える。トコロは三本で、将来共白髪《ともしらが》になるようにとの願いがこめられる（山形県鶴岡市温海川・白幡卯八さん・昭和八年生まれ）。

(7)正月には神棚にトコロを供えた。トコロは晩秋、父母が掘ってきた。よく洗い、ヒゲ根のついたまま茹でてからザルに入れ、食卓のそばに置いた。トコロは冬場のお茶請けで、家族も客も自由に食べた。ヒゲ根を抜き、皮を剝いて食べる。母の富江（明治四四年生まれ）はとりわけトコロを好んでいたので、冬場にトコロを欠かすことはなかった。「トコロは冬の毒を抜く」という伝承があった（山形県鶴岡市温海川・今野建太郎さん・昭和二三年生まれ）。

(8)旧暦三月三日は雪の消えかかる頃である。その頃掘ったトコロをヒゲ根のついたまま洗い、白水（米の研ぎ汁）で煮る。途中とり出してよく揉んでからまた煮た。お雛様に供え、家族も食べた（山形県鶴岡市砂谷・白旗喜惣治さん・大正一四年生まれ）。

(9)トコロは秋、雪の前に掘った。女が掘るものだとされていた。煮る時には米糠を入れて煮る。正月には仏壇にあげ、旧暦三月三日には新たに掘ったものをお雛様にあげ、家族も食べた（山形県鶴岡市小国・竹田常さん・明治四三年生まれ）。

(10)春、雪が解けると年寄りたちは山に行ってトコロを掘り、よく洗って楯岡のマチへ売りに行った。一年ものは一番うまく、年数がたつと筋が入ってまずい。トコロは胃の薬になると言われていた。茹でる時には米糠を入れるとよい（山形県村山市擶山《たもやま》・鈴木忠雄さん・大正一〇年生まれ）。

(11)春、雪解け後、陽当たりのよい、土目のよい場所のトコロを掘った。川で洗って土を落として煮る。ヒゲ根をむしって、手でよく揉みながらきれいに洗い、再度煮る。そして、ゴザに広げて干してから、ザルに入れておき、随時食べた。ホロ苦いところがよい。トコロ餅を作ることもあった。ナマのトコロをオロシガネで擂って人や牛馬の傷に塗ると化膿止めになるとされている（岩手県宮古市田代小字君田・村上正吉さん・大正一二年生まれ）。

(12)トコロは春秋二回掘った。秋、収穫が終わった時にはトコロを食べるものだという伝承があった。しかし、トコロは春の食べ物だと言われており、春は雪が消えるとただちにトコロを掘った。トコロは米糠を入れてよく煮る。皮を剝くと鬱金色をしており、ホロ苦くておいしい。「トコロの苦さで冬の穢れを抜く」と言い伝えられていた。トコロを畑で作っている人もいた（岩手県盛岡市玉山区好摩小字小袋・伊藤のぶさん・昭和一三年生まれ）。

(13)春になって雪が解けると、毎年母がトコロ掘りに出かけた。サノさんは、少女の頃から母についていて行った。母が掘ったトコロを背負い籠に入れて運ぶのがサノさんの仕事だった。トコロは鍋に水を張り、木灰を入れて長時間煮た。煮えたトコロはザルに入れてイロリの脇に置き、家族が自由に食べた。ヒゲ根を抜き、皮を剝いて食べた。「トコロは冬の間に体にたまった汚れをおろす」「トコロは便秘に効くと言い伝えられている」（岩手県盛岡市玉山区下田小字陣場・畠山サノさん・昭和八年生まれ）。

(2) 店頭のトコロ

盛岡市玉山区渋民の啄木記念館近くの大型ショッピングセンターの中に、産直館「姫神の郷」がある。なかをめぐると新鮮な農産物、地元の加工食品に混じって、野生採取のフキノトウ、栽培されたフキノトウ、行者ニンニク、長芋・自然薯などが並ぶ中に、ビニール袋に入れられたトコロが箕《み》に盛られて売られていた（写真2）。青森県八戸市周辺の市販のものに比べて一袋の分量が多く、五〇〇円の定価がついていた。もとより製造・生産者の住所・氏名も明記されている。説明掲示には、「にがみがクセになる」「圧力鍋で三〇分位でやわらかくなります。ストーブ

写真2　産直館「姫神の郷」で販売されるトコロ（岩手県盛岡市玉山区）

の上に乗せて煮ると一日かかります」と書かれていた。「姫神の郷」の中にはトコロを売る店が二軒あった。もう一方は岩手町からの出店で、一〇袋ほどの見本を並べ、「ゆでたトコロは冷蔵庫で販売しております」と表示されていた。トコロは茹でてヒゲ根を除いた形で売られているので、保存のためには冷蔵が有効なのである。トコロの太さから、売られているものが栽培系であることがわかる。

　青森県のトコロ食習についても学んでみなければならないと思っていた。八戸市博物館の企画展に合わせて「食」にかかわる講義を行う機会があった。参加者にトコロの食習について尋ねてみたところ、三戸郡三戸町馬喰町出身の加藤真さん（昭和一九年生まれ）の母は毎年冬、トコロを好んで食べていたという発表があった。冬季、老人が刃物でトコロの皮を少しずつ剝きながら食べていたことを記憶しているという方が五十余名中七名いた。聞き取りを進めなければならないと思った。

(14)父吉松（明治四一年生まれ）が健在だった頃には晩秋トコロを掘って、それを冬中食べていた。ザルに入れ、イロリのそばに置き、家族が自由に食べた。春、雪解けにも掘っていた。両親が亡くなってからもトコロのほろ苦さがなつかしいので、姉が朝市などで買ってきてくれるものを食べた。ヒゲのついたまま煮てパックに入れたものもあった。トコロは便秘に効くと言われていた。近隣には家の前の畑にトコロを植えている家もあった（青森県八戸市新井田・泉山トシさん・昭和一七年生まれ）。

(3) 採集トコロと栽培トコロ

(15)平成二八年四月九日、八戸市南郷の道の駅でパック入り、二〇〇*g*、二五〇円のトコロを買った。ネギやキャベツの間にパックが並んでいた。消費期限四月一三日と記され、製造者は八戸市南郷大森小字人形森・森富美子となっていた。森家を訪れ、トコロについて聞いた。森家ではエノマエ（母屋の前）の陽当たりのよい畑にトコロが六株ほど栽培されている。トコロは三年周期に掘って出荷している。掘る時には、商品になりにくい細い匐根を以後の種として残しておく。掘る時期は、雪が解け、土が凍らなくなってからである。この時期にトコロを掘って、湯に色がつく程度に灰を入れてからよく煮る。ヒゲ根をとってパックに入れて出荷する。道の駅には、森家をはじめ、孫次郎の大浦家、舘野の中野家など五軒ほどが交替で出荷している。森家では三〇パックほど出す。販売期間は一二月から四月中旬ほどである。少年の頃、祖父の午吉（明治二六年生まれ）は、「トコロを食べると冬の間に体にたまった悪いものが下る」「トコロは体によい」といって、春、雪が解けるとトコロを掘って煮た。ザルに入れてイロリの脇に置いて家族が自由に食べ、訪ねてきた近隣の者も食べた（青森県八戸市南郷大森小字人形森・森一美さん・昭和二二年生まれ）。

(16)平成二八年三月、八戸市の朝市調査に出かけるという山本志乃氏（旅の文化研究所）に、トコロが売られているかどうか見てきてほしいと依頼しておいたところ、舘鼻岸壁の小さな青果店で売られていたというパックを求めて送ってくれた。ヒゲ根を除いて煮あげたもので、二〇〇g入り、二五〇円、賞味期限も製造者も明記されていた。平成二八年四月九日、そこに記されている野端家を訪れた。午前中うかがったところ、車庫に車はなく、お留守だった。一二時半過ぎに再度訪れたところ、庭に小型のワゴン車があった。野端吉蔵さんは午前中、トコロ掘りのために山に入り、帰ってきたところだった。掘ってきたトコロとトコロ洗いの様子を見せてくれた。ワゴン車からトコロの入った厚紙の一斗袋を二袋おろし、水を張った盥《たらい》状の容器に入れた。棒でかき回しながら丁寧に泥を落とす。よく洗ったものを三時間ほどかけて煮る。ここでは灰も、米糠も入れない。トコロを掘るのは春と秋で、春は雪が消えて土がやわらかくなってから、秋は一一月、雪の前、土が凍らないうちである。少年の頃、毎年雪が消えると祖母につれられてトコロ掘りに出かけた。掘るのは祖母で、少年の吉蔵さんはトコロを背負う役目だった。春のトコロはよく煮てザルに入れ、イロリの脇に置いて五日間ぐらい続けて食べた。祖母は、「トコロを食べると冬の間に体にたまった穢れがとれる」「トコロは便秘の薬になる」と語っていた。吉蔵さんの掘ったトコロの出荷先は南部市場で、それを仲買人が各地に運ぶ。吉蔵さんの掘ったトコロの商品名は「トコロ」ではなく「山ドコロ」と表記されていた。事例(15)のような栽培型のトコロではなく、山の自生トコロを掘ったもので、苦さは強くとも効力があることを主張しているのである（青森県三戸郡田子町田子小字西舘野・野端吉蔵さん・昭和六年生まれ）。

3 トコロと年中行事

(1) 正月

正月飾りの蓬萊盤でトコロが重要な働きをしたことについては冒頭でふれた。さらに、前記の事例(3)(5)では、正月のイタダキ儀礼の膳でもトコロは重い意味をもっていた。トコロはヒゲ根をもつところから野老と書かれ、かかわる儀礼に長寿祈願がこめられてきたことは間違いない。しかし。事例(5)でふれた「喜ぶ所」も見すごすことはできない。類似の吉祥呪誦「所に居つく」は紹介したのだが、いま一つ例を示したい。奈良市和田町の大北正治さん（大正一三年生まれ）は次のようにした。「奥座敷で天井からアキノカタに向けて歳神棚を吊り、餅・みかん・串柿・

栗（糸に通したもの）・榧の実・半紙に盛ったトコロを供える。「代々トコロ（所）に居るように」と称して、歳神棚をおろす時に、トコロを掘ったところへ埋めもどす」――。これは言語呪誦、吉祥呪誦にとどまるものではない。

「野老《ところ》」と「所《ところ》」が掛け詞として用いられる深層には、野老と所という言葉が同源から発しているることがかかわっていることを考えなければならない。トコロの古称は「トコロヅラ」（野老葛）で、野老の蔓を意味しており、「常敷く」（常に変わらない）に掛かる枕詞としても用いられる。トコ（常）は、常に変わらないことを意味し、常世・常乙女・常石上《とこしへ》（永久）・常磐《ときは》（とこいは）の語を構成する。「所」は空間的位置、時に特定・不変の場を意味するのだが、常《とこ》ろ、「ろ」は接尾語だと考えられる。野老という植物が、その「所」と同音を以て示されるのは、根茎＝匐根から、無数ともたとえられるヒゲ根（細根）を簇生させ、その根が大地に根ざし、不動を思わせたからではあるまいか。神饌にも、常食物としても、トコロはヒゲ根を除かずに供するのが本来の形であった。トコロはその細根の多生なるを以て、生命力に富み、大地に根ざす植物の代表と考えられたのであろう。それに、薬効・芳香・嗜好的な味が加わっているのである。

(2) トコロ節供

静岡県の安倍川・興津川流域山間部では一月二〇日をトコロ節供と称した。静岡市葵区長熊では、この日、山から掘ってきたトコロを焼き、高神様とエビス様に供えた。飢饉の時の食物としてのトコロを忘れないための行事だともいう（長倉てつさん・明治四四年生まれ）。同様の伝承は静岡市葵区中平、同有東木でも聞いた。トコロ節供について富山昭氏は次のように報告している。「清水市（現静岡市清水区）両河内川合野では二十日正月を『野老節供』と称し、野老を掘って焼いて苦い部分を食べる。同じく板井沢でも野老を焼きいぶし、この時戸を開けて怖がっていると、外から小判をくれていくものだと言い伝えていた。」――

これだけの事例では行事の本質をつかむことは難しい。二十日正月に正月終いの意味をもたせる地が多いことを考えると、トコロを食して褻《け》の生活に戻ることを意味したとも考えられる。また、「トコロを焼く」という点に注目すると、始原の食法を探索するヒントにもなろう。さらなる事例収集が必要である。

(3) 雛祭り

事例(8)(9)で雛祭りにトコロを供え、家族も食べていたことを紹介したが、旧暦三月三日の同様の慣行は、山形県鶴岡市温海小字浜中、同槇代でも聞いた。山形県西村山郡河北町根際の森キヨ子さん（昭和五年生まれ）は、月遅れの四月三日にヒゲ根のついたままのトコロを灰汁で煮て、皿に盛り、お雛様に供え、家族も食べたという。鈴木秋彦氏によると、山形県西村山郡河北町谷地では四月三日の雛祭りの時「ひな市」が立ち、トコロが売られていたという。また雛人形にトコロを供えるのは家の娘が無毛症にならないように願うためだという。山形県鶴岡市羽黒町市野山の斎藤千代子さん（大正一〇年生まれ）は、トコロはお雛様の大好物だから雛祭りにはトコロを供えるものだと語っていた。

旧暦三月三日、月遅れの四月三日は雪解けの季節であり、事例(8)(9)(10)(11)(12)(13)(14)(15)(16)などのトコロの春掘りと一致する。このことはのちに論ずる。また、雛祭りが穢れ流し、浄めの祭りであることを考え、浄祓力《じょうふつ》をもつ「蓬《よもぎ》」の餅を食べることを考えると、浄化力をもつトコロを供え、食することは理に適っているといえよう。

（4）彼岸

福島県大沼郡金山町本名では春秋の彼岸にトコロを仏壇に供えていた（同町大栗山・五ノ井謙一さん・大正四年生まれ）。岩手県気仙郡住田町世田米では春秋の彼岸には仏壇にトコロを供えた。飢饉の年に死んだ者を供養するためだと伝えている。彼岸の中日にはユリ根を供える（紺野平吉さん・明治四二年生まれ）。秋田県横手市山内小字三又の高橋俊夫さん（昭和二年生まれ）は次のように語る。「彼岸の中日には仏壇にトコロを供える。トコロの蔓で先祖様がおみやげを括っていく。飢饉の時トコロを食べた人は助かり、ホドを食べた人は死んだと伝える。トコロは胃の薬となり、トコロを食べると長寿になると言い伝えている」。宮城県気仙沼市出身の川島秀一氏は次のように語る。「彼岸には墓前に蔓つきのトコロを供える。先祖様がトコロの蔓を伝って降りてきて元気になられる」――。

4　気象環境とトコロの力

事例(1)(2)(13)(14)(16)などで「トコロは便秘の薬だ」と語られ、(5)では「整腸剤」、(10)では胃の薬などと体験的な薬効伝承が語り継がれている。さらに注目すべきは、(7)(12)(13)(15)(16)などに、トコロを食べると冬の間に体にたまった汚れ、穢れ、悪いものが除かれ、浄化されるという伝承がみられることである。交通手段、道路整備、除雪技術、防雪・防寒の衣類や履物などが未発達だった時代、積雪地帯の暮らしはどうしても閉塞性を帯び、文字どおり「冬籠もり」になった。運動不足も蓄積された。加えて、物流システム、輸送手段、冷蔵・冷凍技術などが未発達だった時代、生鮮野菜、生鮮魚・肉などは容易に入手できるものではなかった。こうした状況のなかでは、便秘や栄養の偏りも避けられなかった。脹腹感、閉塞感に見舞われ、精神的な鬱屈も重なった。トコロの便秘解消力、口中刺激と爽涼感は冬籠もる人びとにとって貴重な恵みの一つだった。その体験が伝承され、それが、冬季におけるトコロ常食の慣行を継続させてきたのだった。

山形県・新潟県・福島県の奥会津などでは「キドい」という形容詞が生きている。「キドい」「キドさ」とは、苦み・渋み・蘝《えぐ》みの混合した味覚に、臭いまで加えた、強い味覚・嗅覚の複合刺激を意味している。この言葉を使う山形・新潟県には、「山菜のキドさで冬の穢れを落とす」という口誦句があり、山菜の芽吹きを待ちかねて、キドさの強いシドケ（モミジガサ）・ヒメザゼンソウ・フキノトウなどを採取して食べる。ここには、冬籠もりの間に体中にたまった悪しきものを棄捨し、活動期に向かって体を浄め、体調を整えたいという願いが滲んでいる。トコロの春掘り、春食、それにかかわる伝承(事例⑻⑼⑽⑾⑿⒀⒁⒂⒃)にも右と同じ心意がみられる。してみると、旧暦三月三日、月遅れの四月三日の雛祭りに合わせてトコロを掘り、お雛様に供え、家族も食べるという慣行に底流するものも右と同様だと言えそうである。事例⑽のマチにトコロを売りに行くというのも同断である。「トコロ掘り」が春の季語であり、諸資料に春のトコロ掘りが散見されることは、この国の先人たちのなかに、雪国に通じる季節感覚と、トコロに対する認識が底流していたとみてよかろう。

道の駅・朝市・産直館などで現在もトコロが売られていることについては報告した。ほかにも、平成一四年、山形県鶴岡市温海川のレストラン「キラリ」に隣接する直販店で、五〇〇g、二〇〇円でトコロが売られているのを見かけた。また、金田久璋氏は、輪島市や久慈市の朝市で、春、トコロを売っていたことを報告している。これらを総合してみると、「市」「市的な場」でトコロが売られているのはすべて積雪地帯であることがわかる。トコロが売られているということは、これを求めて食べる人びとがいるということである。現在でもトコロを食べる人びとは、体験を通じて薬効伝承を信じている人、口中刺激・芳香などを嗜好的に楽しむ人びとである。

トコロ採集と食習の継続性が、「積雪」という気象環境と深くかかわっていることはまぎれもない。採集食物については、その利用の変遷についても注目しなくてはならない。なお、神饌としてのトコロについては稿を改める。

〈参考文献〉

金田久璋　二〇〇三「飢餓の神饌――トコロの食習と儀礼」『東北学』vol.8、東北芸術工科大学東北文化研究センター。
菊池勇夫　一九九四『飢饉の社会史』校倉書房。
菊池勇夫　二〇一二『東北から考える近世史――環境・災害・食料、そして東北史像』清文堂。
鈴木秋彦　二〇〇二「野老の伝承――イモ文化の一視点」森隆男編『民俗儀礼の世界』清文堂。
建部清庵　一八三三『備荒草木図』『日本農書全集』68　農山漁村文化協会。
田中二郎　一九八七「採集」石川栄吉ほか編『文化人類学事典』弘文堂。
富山昭　一九八一『静岡県の年中行事』静岡新聞社。
人見必大　一六九八『本朝食鑑』（島田勇雄訳注　東洋文庫二九六　平凡社、所収）。
深津正　一九五八『植物和名語源新考』八坂書房。
橋本朝生校注　一九九三『狂言歌謡』新日本古典文学大系56　岩波書店。
松尾芭蕉　一七〇九『笈の小文』（井本農一・久富哲雄校注・訳『松尾芭蕉集』（2）小学館、所収）。

第2章　採集と栽培の共存
――ラオスの「在来農法」をめぐって

落合雪野
Ochiai Yukino
民族植物学・東南アジア研究

1　はじめに

人は、どのように食べものを手に入れてきたのだろう。一八〇万年にわたる人類の歴史をふり返ると、その大部分は、野生植物を採集したり、野生動物を狩猟したりしてきた。だが、今から約一万年前のドメスティケーションにより、野生植物から栽培植物が、野生動物から家畜がそれぞれつくりあげられ、農耕や牧畜の生活が始まった。その後、人口の増加や、社会的な分業の成り立ちのなかで農業が発達していき、現在では、地球上の大部分の人びとが、農業によって生産された食料に依存する生活を送っている。

ところが、地球上から、採集や狩猟が完全になくなったわけではない。極北や乾燥地帯、熱帯雨林などでは、農耕、牧畜、交易などと採集や狩猟を組み合わせた生活を続けている人たちがいる。また、農業に基盤をおく社会にあっても、たとえば日本にワラビやゼンマイといった「山菜」を食べる習慣があるように、食材の種類によっては採集が行われる。

この章では、食べものとして利用される植物に着目し、栽培植物の栽培と野生植物の採集、その両者の役割や関係をとおして、地域の「在来農法」について考えてみたい。そのために、ラオスの事例をとりあげることにする。

2　分散型社会と自給農業

東南アジア大陸部に位置するラオスは、国土の約七割が山地によって占められる内陸国である。面積は約二四万km^2と、日本の本州とほぼ同じ広さだが、人口は約七〇〇万人と少ない。また、人口が過度に密集する大都市圏をもたず、人びとは国内に分散して居住している。

ラオスにおける農業の基盤は稲作にある。熱帯モンスーン気候のもと、降雨量の季節変化を利用して、平野部低地や山間盆地では水田稲作が、山地では焼畑での陸稲の栽培が、それぞれ雨季作を中心に行われている。ベトナムやタイ、ミャンマーにみられるような、大量の余剰米を生産できる集約化された稲作の中心地は、ラオスには存在しない。だが、ほぼすべての県で、主食となる米の生産量は標準的な需要を満たしている。つまり、人びとは、自給農業を基盤に分散型社会を形成しており、食べるのに困らない状況にある［河野ら 二〇〇八］。

ラオスの自給農業では、栽培植物の在来品種やその栽培のための知識や技術などを含めた「在来農法」が、各地で継承されている点に特徴がある。水田稲作農村では、イネの在来品種が水田の条件や用途に合わせて使い分けられてきており、改良品種や化学肥料、農薬などを使用する新

写真1　主食の強飯を蒸しあげる（ラオス、ポンサーリー県。撮影：以下すべて筆者）

しい農業のあり方と比較して、「タマサート（自然な、手を加えていない、の意味のラオス語）」な農業と表現される［田中 二〇〇八］。そのイネの大部分はモチ性品種であり、収穫された糯米《もちごめ》は強飯（おこわ）に蒸しあげられ、食卓にあがっている（写真1）。また、山地の焼畑では、ウルチ性やモチ性の陸稲を中心に、ハトムギ、アワ、モロコシ、シコクビエなどの穀類が栽培され、主食として用いられてきた［落合 二〇〇三］。

一方、副食については、イモ類やマメ類、野菜、香辛料植物などの栽培植物が畑地や庭畑で栽培され、利用されている。だが同時に、多種類の野生植物がその素材として用いられること、また、日本の山菜と比べると、その種類が多く、食べる頻度が高いことが注目される［落合ら 二〇〇八］。首都ヴィエンチャンや旧王都ルアンパバーンなどの主要都市、県庁や郡庁の所在地では毎朝市場が開かれ、食材が売り買いされている（写真2）。そこには、ニンジンやキャベツ、トマト、トウガラシなどの栽培植物にまじって、野生植物の芽、葉、茎、根、つぼみ、花、果実、キノコなどが観察される（一一四頁、写真3）。また、食用の野生植物が、森林資源を研究した文

写真２　朝市で野生植物と栽培植物を売買する（ラオス、ウドムサイ県）

献に四〇種類紹介されたり［NAFRI, NUoL, SNV 2007］、料理のレシピ本に材料としてとりあげられたりしている［Sing 1995, Culloty 2010］。

では、栽培と採集は、どこで、どのように実践されているのだろう。採集された野生植物は、どのように食べられているのだろう。以下では、水田、庭畑、平地林、焼畑での状況を検討する。

3　水田稲作を行う人びと

（1）水田と庭畑

最初に、低地や盆地の水田をみてみよう（一一五頁、写真４）。耕地としての水田は、栽培植物のイネを栽培するための専用の空間である。したがって、その中や周囲に生えるイネ以外のすべての野生植物を、イネの生育

3-1

3-2

3-3

3-4

3-5

3-6

写真3　食用にされる野生植物の例

3-1 *Centella asiatica*（セリ科）
3-2 *Azadirachta indica* var. *siamensis*（センダン科）
3-3 *Trevesia palmata*　（ウコギ科）
3-4 *Caesalpinia mimosas*（マメ科）
3-5 *Amalocalyx microlobus*（キョウチクトウ科）
3-6 *Trapa incisa*（ミソハギ科）

写真4　屋敷地に樹木や草本が植えこまれた庭畑（奥）と水田（ラオス、ルアンナムター県）

を邪魔する「雑草」ととらえ、排除しようと対策を練るのが近代農法の発想であろう。

ところが、水田の野生植物が採集され、利用されることがある。ラオス北東部、ホアパン県のラオ人やタイ・ダム人の村では［Kosaka et al. 2013］、水田の中に生えたナンゴクデンジソウなど五二種、畦道のツボクサなど九五種、水路土手のトキワハゼなど六三種の野生植物を人びとが食べているという。食べられる野生植物を、栽培植物の野菜と同じくラオス語で「パック」と総称し、その他の雑草「ヤー」と区別して、認識しているのである。

このような野生植物は、水田の環境や稲作の作業暦にたくみに適応しながら、それぞれに生育している。採集するときには、種類に応じて、間引きも兼ねて根から引き抜く方法と、繰り返し採集できるように若葉だけ摘む方法がとられる。食べるときには、異なる種類を混ぜ合わせて、和え物などに調理する。さらに、盛り合わせの状態で、市場に出荷されることもある。つまり、水田が、主食のイネを栽培するだけでなく、副食となる野生植物を採集する空間としても、機能しているのである。

二番目に、庭畑をみてみよう。低地や盆地の水田稲作集落では、屋敷地に、低層の草本や灌木から高層の樹木まで、大きさや形態の異なる多様な植物が植えこまれる。この空間を庭畑という。

ラオス中南部サワンナケート県のプータイ人やラオ人の集落では［縄田ら 二〇〇八］、一つの庭畑に一〇から四〇種類もの植物が植えられ、その五五％が食材として利用されている。庭畑に出現する頻度の多い植物三〇種類のうち、その大部分は、木本のパパイヤやココヤシ、草本のトウガラシやヘチマなどの栽培植物によって占められるが、野生植物では、木本のギンネムや草本のキンギンナスビ、ヒメボウキやスペアミントがあがっている。これは、野菜や香辛料として利用されるものである。つまり、庭畑で野生植物を栽培することにより、必要に応じて、手軽に、繰り返し採集できる状況がつくりだされているのである。

（2）平地林

三番目に、水田や集落の周辺の平地林に目を向けてみよう。ヴィエンチャン平野には、水田のところどころに木立ちが残る風景が広がる。これは、もともと森林であった場所を開いて、水田や集落がつくられてきたためである。

ヴィエンチャン平野のラオ人の村では［齋藤ら 二〇〇八］、土地の高低、土壌水分の状態、林内の明るさなどの異なる三種類の平地林から、野生植物やキノコが年間を通じて採集され、食材として利用されているという。その数は、草本一〇種類、樹木の若芽や葉四〇種類、果実二五種類、タケノコ四種類、キノコ三〇種類にものぼる。

三種類の平地林と、そこで得られる食材には次のような特徴がある。高木や大木が鬱蒼と茂る「パー・ドン」では、雨季にのみ、開かれた部分に生える樹木の芽や若葉、ムクロジ科樹木の果実、シロアリタケなどが採集される。中高木がまばらに生えていて林内が明るい「パー・コック」では、同じく雨季にだけ、ウコンのなかまの草本や、ツヅラフジ科の樹木の芽や若葉、タケノコ、キノコが採集される。また、薪を集めたり、ウシを放牧したりすることもある。川の近くの低地に中低木が点在する「ディン・タム」では、雨季に樹木の芽や若葉、タケノコが採集される。また、乾季であっても、ザクロソウ科の草本などを採集することができる。

採集の状況をみてみると、人びとは、採集だけを目的にわざわざ出かけるのではなく、農作業、牛飼い、魚獲りなどの合間や移動のついでに採集をしている。とくにパー・コックでは、人や家畜が往来する道の際が格好の採集場所になっている。また、雨季に冠水するディン・タムでは、魚獲りのついでに、舟で近づいて樹木の若芽を採集することがある。

野生植物の食べ方については、副食の汁物やつけだれに調理されて、主食の強飯と組み合わされている。この集落では、栽培植物の野菜が栽培されているが、その量や種類は限定的であり、タケノコとキノコが副食の材料として重要である。また、その他の草本や樹木の若芽や葉は、酸み、苦み、渋みのある脇役として、副食の味を引き立てている。ナッツや、甘酸っぱさや渋みのある果実は、おやつとして食べられている。さらに、野生植物を市場に出荷して、現金収入を得ることもある。

4　焼畑耕作を行う人びと

四番目に、焼畑をとりあげてみよう。北部山地での焼畑耕作は、集落の周囲の森林に適地を見つけ、樹木を切り倒したり、焼き払ったりして、耕地を開くことから始まる（写真5）。耕地では、陸稲を中心に、トウモロコシやモロコシ、タロイモ、ヤムイモ、カボチャ、ナス、トウガラシ、レモングラスなどの栽培植物が、一年から数年の間栽培される。耕作が終わると耕地は放棄され休閑地となる。この休閑地では、地中の種子が発芽したり、切り株から枝が伸びたりして、草本や樹木が生えていき、七年ほどで二次林となる。一〇年ほどたつと、二次林の中に耕地が開かれ、再び栽培が始まる。

このようなサイクルが繰り返されるため、焼畑の村の領域は、集落、耕地、集落と耕地を結ぶ道、年数の異なる休閑地、焼畑を開いたことのない森林などによって構成されることになる。その領域での野生植物の利用について調べてみると［落合・横山 二〇〇八、横山・落合 二〇〇八］、

写真5　焼畑（ラオス、ウドムサイ県）

ポンサーリー県のアカ人の村では、一二〇種類の野生植物が採集されており、そのうち五〇種類が食用にされていた。ウドムサイ県のカム人の村では、採集される野生植物は一四八種類、食用植物は六八種類に及んだ。

耕地や道沿い、年数の短い休閑地などでは、草本や樹木の芽や若葉が、また、ある程度成長した樹木からは、花や果実などが、食材として採集される。アカ人の村の例では、草本では「フチャナボ（ツボクサ）」や「セホコカ（ツルレイシ）」が、木本では「イエートウイエーマ（ノウゼンカズラ科マルカミア属）」の若い芽や葉、花、「ログドペ（コショウ科）」の茎などが利用されていた。野生植物は、建築やものづくり、燃料、治療、儀礼、魔除けなどの目的にも採集されるが、食用の種類が占める割合は大きい。さらに、野生植物を市場に出荷して、現金収入を得ることもある。

採集の状況をみると、焼畑に農作業に出かけた合間や移動中に行われることが多い。農作業や薪集めを終えて集落にもどる道すがら集めた植物で、その日の夕食をまかなうといった具合である。なお、焼畑を開いたことのない森林や、休閑後の年数の長い二次林で採集される野生植物は、特定の病気や怪我の治療に用いられるもの、仲買人からの依頼に応じて採集され、現金収入源となるものなどが多かった。

野生植物の食べ方については、主食の飯（アカ人の場合）や強飯（カム人の場合）と組み合わされ、副食の材料となっていた。栽培植物の野菜と同様に、汁物や包み焼き、つけだれなどに調理される場合と、生のまま食べる場合とがあった。調理された野生植物は器に盛って出され、箸やスプーンを使って食べるが、生の野生植物は洗っただけの状態で、トレイやテーブルクロスの上に置かれる。これを手でつまんで、むしって食べるのである。さらに、おやつとして、樹木の果実やナッツを食べることがある。

5　「在来農法」のなかでの栽培と採集

(1) 植物や生育地への関与

これまでに検討した事例から、ラオスでは、稲作を中心とした自給農業が行われると同時に、農業や生活に付随した空間で野生植物が採集され、利用されていることが明らかになった。つま

表1　ラオスの自給農業における人と植物のかかわり

段階	行動	場所	対象植物	人からの関与
Ⅳ	栽培	耕地	栽培植物	生育地（伐開、耕起、整地など） 植物（播種、植つけ、管理、許容など） ［意識的・直接的］
		庭畑	栽培植物	
			野生植物	
Ⅲ	採集	耕地	野生植物	
Ⅱ		道沿い、平地林、休閑地など		生育地（人為的攪乱） 植物（なし） ［無意識的・間接的］
Ⅰ		森林		なし

り、自給農業における「在来農法」では、栽培植物の栽培だけではなく、野生植物の採集利用に関しても、在来の知識や技術が継承され、その実践が続いてきたのである。また、人と植物とのかかわりにおいては、表1に示したように、人から植物や生育地への関与が意識的で強いものから、まったくないものまで、いくつかの段階があった。

　栽培には、栽培植物だけを対象にする場合（耕地）と、栽培植物と野生植物を対象とする場合（庭畑）とがあり、人びとがその生育地を用意し、播種、植つけ、管理などをしている。このように、生育地を意識的につくりだし、植物の生育に直接働きかけるなど、もっとも強い人からの関与のあり方が、栽培に認められる。

　一方採集では、人が意識的に生育に関与していない野生植物が、その対象となる。また、野生植物の生育地への関与の状況によって、三つの段階が認められる。段階Ⅲでは、耕地に勝手に生育する野生植物が、意図的に排除されず利用されている。この場合、その生育地である耕地は人が意識的に準備したものである。したがって、採集の三段階のうちでは、人からの関与の度合いが比較的強いといえる。

段階Ⅱでは、人が集落をつくって生活し、水田稲作や焼畑耕作などを行ったために出現した、道沿い、平地林、休閑地などの人為的攪乱環境で、野生植物が採集されている。攪乱とは生態系が改変されることである。集落や耕地の周囲では、居住や農業といった人間の活動が攪乱を引き起こすが、攪乱の程度やそのあり方によって、性質の異なる生態系が成立したり、生態系の移り変わりがうながされたりして、結果的に、地域の植物構成が多様化することが知られている。言いかえれば、人が間接的に関与して生育地が成立し、結果的に多様な野生植物が生育できる状況をもたらしているのである。総じて、採集の三段階のうちでは、人からの関与の度合いは中程度であるといえる。

段階Ⅰでは、集落から遠く離れた森林の野生植物が採集されている。この状況で採集される野生植物には、食用のものはほとんど含まれないが、比較のためにあげておく。この場合、人から生育地への関与はまったく行われない。

このように、人と植物とのかかわりの視点に立つと、人びとが、栽培と採集の両方の行為をもって地域の自然環境に働きかけ、栽培植物と野生植物の双方を得ることによって、生活を成り立たせている、その全容を把握することができる。言いかえれば、居住や農業による攪乱が採集の対象となる植物の生育地を出現させたり、農作業を含めた日常生活のなかに採集活動が織りこまれたりするなど、採集と栽培が分かちがたく結びつき、共存しているのである。

(2) 味と価値観

続いて、野生植物の食べ方と味について考えてみたい。野生植物は、汁物や和え物、包み焼き、つけだれなどに調理される場合（写真6）と、生のまま食べる場合（写真7）とがある。実際に野生植物を食べてみると、種類によって、無味無臭に近いこともあるが、どちらかというと、苦み、渋み、えぐみ、酸み、独特の香り、特徴のある舌触りや歯ごたえを感じることが多い。とくに、生で食べたときに、味や香り、食感のキレがいっそう強調され、その存在感が強まる。逆に、栽培植物がいかに食べやすく、万人向けの味に仕上がっているのか、気づかされたほ

写真6　野生植物を和え物に調理する（ラオス、ルアンパバーン市、レストランにて）

写真7　野生植物を生のままで食卓に出す（ラオス、ポンサーリー県、アカ人の村にて）

どである。

本章では農村の事例をみてきたので、地方の貧しい農民だけが、野生植物を食べているかのような印象を受けるかもしれない。だが、野生植物に対する嗜好は、都市の人びとにも共有されている。市場で野生植物が販売されるのは、商品としての需要があることを意味する。野生植物の味は、買ってでも味わいたいものなのである。

さらに、苦みを例にあげてみると、野生植物のなかには、口の中がいがらっぽくなって、飲みこむのが難しいほど苦いものがある。食べあぐねていると、食卓を囲む人たちから「おいしいのになぜ食べないのか」と問われたり、「身体にいいから食べなさい」と助言されたりする。しばしば繰り返されるこのやりとりからは、人びとが苦い野生植物を食べ慣れていること、苦みをおいしさの一つとする感覚があること、ある種の薬効があるからこそ苦いとする価値観があることが見てとれる。

ラオスの食生活のなかで、栽培植物と野生植物は、それぞれに別な役割を担っている。栽培植物は主要な食料として暮らしの安定を支え、野生植物は副食に独特な味や香り、食感、季節感を添えている。さらに、野生植物の味の大きな振り幅を受けとめているのが、主食の米であることも見逃せない。栽培植物によるマイルドな味を基礎に、野生植物によって個性的で刺激的な味をつけ加える。採集と栽培が共存する「在来農法」の食の特徴を、このようにまとめておきたい。

6 「在来農法」のこれから

栽培と採集の共存は、食べものの獲得手段が発達する途中の、過渡的な一面なのではない。本章での検討から示されるとおり、水田稲作や焼畑耕作が内包する複合的な資源利用のあり方、在来の知識や技術をともなった生業のしくみ、地域の食文化を構成する食材を支えるいとなみとして位置づけるべきものと考えられる。これに関しては、水田の多面的機能［小坂 二〇〇八］、日常生活における労働配分［西村・岡本 二〇〇八］、多方面の選択肢をもち、自律的に選択できる暮らし方［野中 二〇〇八］などの観点でも論じられ、地域の環境の保全や利用、地域住民の生業と経済活動の関連から評価されている。

さらに、近年のドメスティケーションを再検討する動きにも目を向けてみたい。民族植物学の分野では、東南アジア大陸部で多目的に利用されるジュズダマ属植物の事例［落合 二〇〇九］をもとに、「人と植物が完全な共生関係に至ることを最終結果としないドメスティケーションのありかた」が見出され、採集と栽培の「中間段階それ自体が継続的な状態として存在すること」が指摘されている。つまり、この事例には、「生存に不可欠な特定の栽培植物に採集と栽培の中間段階にある多数の植物が加わることによって」生業や生活が成り立つ、その可能性が示されている。

また、環境社会学の分野では「ある時点のある地域における自然との関係が、野生と栽培との間のさまざまなバリエーションを持っている」という意味での「半栽培」が注目されている［宮内 二〇〇九］。宮内らが日本やアフリカなどの事例をもとに議論する「半栽培」では、中尾［一九七六］や阪本［一九九五］、松井［一九八九］が、ドメスティケーションの前段階、採集から栽培に移行していく歴史的プロセスとしてとりあげた「半栽培」とは異なり、人と自然との関係や相互作用が多様であること、その多様なありようが、人間の側のしくみと密接に結びついていることを指摘していて、興味深い。つまり、「『栽培』と並行して存在」する「ある時点での安定したしくみ」としての「半栽培」には、自然を手つかずのまま残すのか、人間が完全に管理するのかといった対立的な構図を乗り越え、自然とのかかわりや社会のしくみづくりの将来を考えていく手がかりが提示されているのである。

一九八〇年代半ばからの市場経済化、一九九〇年代後半からの交通や通信インフラの整備の進展を受けて、ラオスの自給農業は、近代化や商業化の方向に転換されつつある［河野ら 二〇〇八、横山・落合 二〇〇八］。水田稲作については、周辺諸国との格差を縮めようと、品種改良や施肥技術の向上、病虫害対策、機械化などが図られてきた。焼畑耕作については、一九九六年に事実上これを禁止する政策がとられ、代わりに常畑化して換金作物を栽培する動きが広まった。さらに、農産物の輸出や貧困の解消をめざして、コーヒーやトウモロコシなどの商品作物栽培の普及が続けられたり、有機農法や自然農法への世界的な関心の高まりのもと、有機農産物の認証制度を設けて、「タマサート」な農産物を積極的に売り出そうとしたりする動きも出ている［Green

Net 2016]。

このような動向のなか、栽培と採集の共存の状態は、どのように変化していくのか、栽培植物と野生植物の両方を食べてきた人びとは、今後どのような対応をみせるのか、関心はつきない。

〈引用文献〉

落合雪野　二〇〇三「雑穀をめぐる農業と生活のいとなみ――東南アジア大陸部山地のフィールドから」『東北学』九号、三〇〇-三一一頁。

落合雪野　二〇〇九「ドメスティケーションの過程と結果をめぐる試論――東南アジア大陸部のジュズダマとハトムギを事例に」山本紀夫編『ドメスティケーション――その民族生物学的研究』国立民族学博物館調査報告八四、五一-七〇頁。

落合雪野・横山智　二〇〇八「焼畑とともに暮らす」横山智・落合雪野編『ラオス農山村地域研究』めこん。

落合雪野・小坂康之・齋藤暖生・野中健一・村山伸子　二〇〇八「五感の食生活――生き物から食べ物へ」河野泰之編・秋道智彌監修『論集 モンスーンアジアの生態史　第1巻　生業の生態史』弘文堂。

河野泰之・落合雪野・横山智　二〇〇八「ラオスをとらえる視点」横山・落合編『ラオス農山村地域研究』(前掲)。

小坂康之　二〇〇八「水田の多面的機能」横山・落合編『ラオス農山村地域研究』(前掲)。

齋藤暖生・足立慶尚・小坂康之　二〇〇八「ヴィエンチャン平野の食用植物・菌類資源の多様性」野中健一編『ヴィエンチャン平野の暮らし――天水田村の多様な環境利用』めこん。

阪本寧男　一九九五「半栽培をめぐる植物と人間の共生関係」福井勝義編『講座地球に生きる4　自然と人間の共生』雄山閣。
田中耕司　二〇〇八「タマサートな実践、タマサートな開発」横山・落合編『ラオス農山村地域研究』（前掲）。
中尾佐助　一九七六『栽培植物の世界』中央公論社。
縄田栄治・内田ゆかり・和田泰司・池口明子　二〇〇八「ホームガーデンから市場へ」河野編・秋道監修『モンスーンアジアの生態史　第1巻』（前掲）。
西村雄一郎・岡本耕平　二〇〇八「ヴィエンチャンへの工場進出と村の生活」野中編『ヴィエンチャン平野の暮らし』（前掲）。
野中健一　二〇〇八「ヴィエンチャン平野の多様な資源利用から考える環境利用の可能性」野中編『ヴィエンチャン平野の暮らし』（前掲）。
松井健　一九八九『セミ・ドメスティケイション』海鳴社。
宮内泰介　二〇〇九『半栽培の環境社会学――これからの人と自然』昭和堂。
横山智・落合雪野　二〇〇八「開発援助と中国経済のはざまで」横山・落合編『ラオス農山村地域研究』（前掲）。
Culloty, Dorothy 2010 *Food from Northern Laos : The Boat Landing Cookbook*, Te Awamutu, New Zealand.
Green Net 2016 "Lao Organic Agriculture", http://www.greennet.or.th/en/article/1159（二〇一六年五月一七日閲覧）

Kosaka et al. 2013 Wild Edible Herbs in Paddy Fields and Their Sale in a Mixture in Houaphan Province, the Lao People's Democratic Republic. *Economic Botany* 67 (4) : 335-349.

NAFRI, NUoL, SNV 2007 *Non-Timber Forest Products in the Lao PDR. A Manual of 100 Commercial and Traditional Products*. The National Agriculture and Forestry Research Institute. Vientiane , Lao PDR.

Sing, Phia 1995 *Traditional Recipes of Laos*. Prospect Books, Devon, England.

第Ⅲ部

農のあり方をめぐって

第*1*章　近代農法を支えた思想と社会

秋津元輝
Akitsu Motoki
農業・食料社会学、食農倫理学

1　近代農法への接近法

近代農法とは何か。この問いに素直に反応すれば、技術体系としての近代農法にもっぱら焦点をあてて、その発展経路を説明し、特徴を抽出することになる。しかし、技術はそれ自体の内部事情のみで発展していくのではない。とりわけ農法のように、人間の生存に不可欠となる食料生産に直結する技術にあっては、社会からの要請との相互作用によって、創造され意味が与えられ普及していくことになる。

技術哲学を専攻する村田純一によると、技術と社会の規定関係には三つの考え方がある。第一は、技術決定論である。新しい技術の導入が社会のあり方を決定するというもので、たとえば新しい栽培品種の開発やあるいは工業的な肥料生産の発明が、農法を変え社会を変えるという考え方である。急速なＩＣＴ（Information and Communication Technology）の開発普及が社会を変えるというのもその例である。第二は、社会決定論である。社会のほうが技術導入を選択するとい

い自動車を使わない日本の例と、村田の著書には江戸時代に鉄砲を普及させなかった日本の例と、自動車を使わない生活を続ける北米のアーミッシュの例があげられている。

第三は、技術の発展を社会との相互作用においてとらえる考え方である。村田はそれを社会構成主義とよび、自らの分析の中軸にすえる。科学的探究から技術的構想が生まれ、それが発明を生み、技術の普及へとつながっていくという一元的な進行は、社会構成主義の立場からみると後知恵による理解にすぎない。実際の過程は、技術的要因だけでなく社会的要因や文化的要因、さらにはパラダイムのような人びとの認識枠組みにも左右されるのであり、別の経路もあったかもしれないという意味で「開かれた」過程である、と村田はいう［村田 二〇〇九：一〇九―一一二］。それになぞらえれば、本章はいわば、近代農法の展開を社会構成主義の視角から考える試みといえる。

近代農法と社会との相互関係について、認識枠組みにまで踏みこんで考えようとすると、近代農法の基盤にある近代農学の成立・発展を視野に含めなければならない。したがって、考察の範囲は一九世紀初頭にまでさかのぼることになる。肥料や農薬、化石エネルギーの多投はたしかに第二次大戦後に顕著であるが、農法を支える思想をセットにして考えようとすると、近代農法として対象とされる期間は存外に長いのである。

2　近代農学の誕生

（1）テーアと合理的農業

農学の開祖とされるアルブレヒト・テーアは、ドイツ北部ハノーファーに近いツェレの町で一七五二年に誕生した。医者の家に生まれたテーアはゲッティンゲン大学で医学を修めて医者となったが、その後、趣味で始めたとされる農業にしだいに傾注するようになる。三〇歳で国王の侍医を継続しつつ農場経営を開始し、五二歳の時に医者をやめて約三〇〇*ha*の本格的な農場経営に乗り出す。体系としての農学を構想したテーアが、同時に農場経営者でもあったことは彼の農学を理解するにあたって重要である。

テーアの主著は、初版が一八一〇年前後に相次いで刊行された『合理的農業の原理』（全四巻）である［テーア　一八三七＝二〇〇七］。この大著は、「基礎編」「経営・農法論（エコノミー）」「土壌論（アグロノミー）」「施肥論、耕作・土地改良論（アグリクルツール）」「作物生産」「畜産」の六編からなる。「基礎編」では営利事業としての農業について多くの紙数が割かれており、直後の第二編には「農場経営の諸関係、組織、管理の学」と副題された「経営・農法論」が配置されている。農場経営者として農業の経営面を重視するテーアの関心がよく表れている。

よく引用される部分として、「完全な農業」についてのテーアの定義がある。「農業者の能力、生産諸力、資産状況に応じて、できるかぎり最高の利潤を持続的に引き出す農業」が完全な農業であるという。そして、「最高の純利得」を経営から引き出すよう導くのが、テーアのいう「合理的農学」の役目となる。テーアにとって、合理的農学は科学的農学と言い換えられる。テーアは、農学を慣行的、技能的、科学的に分類し、科学的農学のみがどんな条件においても適応可能であるような法則を見つけ出そうする姿勢を生むという［同前上巻：四三―四六］。

手技やコツ、身体化された技能よりも、因果関係を基礎とする科学的知識を優位とするテーアの農学観は、のちのドイツの農学者で『農学原論』を執筆したR・クルチモウスキーによって合理主義への偏重として批判される。クルチモウスキーは、農学は合理主義に基づく実験的研究によってのみ問題が解決される分野ではなく、経験主義によって慣行的農業のなかに蓄積されてきた技能を切り捨ててはならないと説く。農業は複雑な因果関係の上に成り立っているので、合理主義によってそのすべてを把握することはできないからである［クルチモウスキー 一九一九＝一九五四］。農学の本流はより合理主義を追究する方向へと進み、次に述べるリービヒの登場となるが、この時代にすでに、合理主義に対抗する農学思想が生まれていたことは、のちの議論とのつながりにおいて興味深い。

(2) 農学の分水嶺としてのリービヒ

テーアから遅れて約五〇年後に、ユストゥス・フォン・リービヒが現在のドイツ中部に生まれる。化学者としてのリービヒが見せる顔は多彩である。有機化合物の定量法の開発や新化合物の発見、現代まで利用される実験器具の考案などがある。農学においては、植物が窒素、リン酸、カリウムの三要素を必須とすることを明らかにするとともに、その三要素中のもっとも量の少ない養分によって成長度合いが決定されることを突きとめた。さらに、有機質が直接に植物の養分になるというテーアの学説を排除し、植物は無機質の形で栄養素を取りこむことを定説化した。

リービヒのいう農業の目的は、「特定作物の特定部分ないし器官を最も有利な方法で最大限に生産すること」、そのために「必要な物質（無機質肥料）を作物に与えるもの」［祖田 二〇一三：五二］とされている。テーアが経営的な持続性の観点から純利得の最大化を農業の目的としたのに対して、リービヒは作物の「特定部分ないし器官」すなわち人間が利用したい有用部分（種や果実、根茎、葉など）の生産を最大化するという栽培技術的な関心に特化した。そして、この生産主義的な指向性がその後の農学の展開を支配していく。

テーアにしてもリービヒにしても科学に基づく合理主義を信奉する点では同じである。しかし、自ら農場を経営したテーアとは違って、リービヒは一七歳でボン大学に入学して以降、最後に教鞭をとったミュンヘン大学にいたるまで一貫して大学人でありつづけた。リービヒは現実の農業への応用を目的としながらも、農学を具体的な農場経営から引き離し、化学を基礎とした大学の研究室で行える学問として確立した。この転換をさして、「農学史上のいわば分水嶺」であるという研究者もいる。リービヒ以降、農学者は農芸化学者と農業経済学者に分裂したからである［椎名 一九七六：一三一一四］。こうして農学は生産の最大化という使命をともないながら、しだいに一つの学問分野として各国の大学や研究機関において確実に地位を築いていくのである。

3　近代農法の担い手

（1）農学者と農業者の垂直的関係

先のように椎名はリービヒを称して、農学者を農芸化学者と農業経済学者に分裂させる分水嶺であったと述べた。このことを農学から農業全般に広げて考えるとどうなるか。テーアからリービヒにおける転換は、農学を推進する主体が農場経営者から研究組織における農学者へと変化したと考えることもできる。テーアは観察や比較、できれば実験を通じて事物の因果関係を思慮深く考察すること、すなわち合理的・科学的方法を提唱した。テーアは農業にそうした農学の必要性を説いたが、その対象となる主体は、農場経営者であったといってよい。これは、彼の理想とする農業があくまで実際の経営を単位とし、その持続性を目的としていたことからわかる。テーアの農学には、農業者に直接的に訴えかける姿勢があった。

しかしリービヒになると、農学が直接に教えられるべき主体は、大学などの研究機関における学生や研究者となる。そして、農学を修得した学生たちが卒業し、農学者や農業技術者となって、実際の農業者に科学的な知識を伝えるという構造ができあがる。そのときの農学者・農業技術者と農業者との関係は、水平的ではなく、垂直的上下関係となる。それまでの慣行的な農業技術から脱却して、合理的・科学的な農業技術に基づいた農業に転換することは、テーアの課題でもあった。その課題が、直接的にではなく、農学者・農業技術者を媒介することによって進められていったのである。克服されるべき慣行的農業を行ってきた農業者たちは、合理的・科学的農業技術を伝えられ、それを受容する対象として、農学者・農業技術者の下位に位置づけられることになる。

近代農法を支える思想である合理主義は、テーアからリービヒを経て、農学の科学的研究を通じて、しだいに農学者・農業技術者に浸透してきたと考えてよい。しかし、それが具体的な農業生産に反映するためには、農業者もそれに合意しなければならない。農業者の合意は、増産というインセンティブを基礎にしていたにせよ、合理主義思想の共有による合意ではなく、農学者・農業技術者が上で農業者が下という垂直的社会関係によって、すなわちいわば社会的圧力をともなって、実現してきたと考えられる。こうして近代農法が普及していくための構造的な下地ができあがっていく。

(2) 農業技術普及機関の整備

近代農法の普及には、それを進める社会制度による構造化が不可欠である。日本を例にして、農業技術普及機関の整備経過についてみてみよう。明治以降の日本の農業技術の近代化過程についてはいくつかの詳細な研究書がある。(1) ここではそれらを参考にして概観したい。

国力増強をめざした政府は、明治初期に欧米の先進的＝近代的農法を導入することによって産業としての農業の増強をもくろみ、欧米より農学者を招聘雇用して、近代農法の導入を図る。しかし、気候風土も作物自体も異なる地において、欧米農法がそのままで根づくはずはない。ほどなくして、水田農業を中心として伝統のなかで蓄積されてきた農法が見直される。当初、イギリスから農学者を招いて大農経営を教授していた駒場農学校（東京大学農学部の前身）も、実践重視の試業科においては、すでに設立の頃から日本人の篤農家である船津伝次平《でんじべい》を雇い入れていた。このようにときに後退しつつも、全般的にみれば、農法への合理的・科学的アプローチは農業界にしだいに浸透していくことになる。

一八七八（明治一一）年に駒場農学校が開校する以前に、すでに各地方において欧米農法を導入することを目的として多くの農事講習所が設立されている。京都府には一八七二（明治五）年に早くも京都府牧畜場が開設され、アメリカ人技師が雇用されている。その後一〇年足らずの間に、宮城県、新潟県、石川県、岐阜県、三重県、広島県、福島県、福岡県、山梨県、鳥取県にも農事講習所に相当する施設が開場された。それらのいくつかは、一〇年も続かずに廃止されてはいるものの、その頃の日本に近代農法導入に向けた並々ならぬ意欲のあったことが読みとれる。

一八八三（明治一六）年に文部省の農学校通則、一八九四（明治二七）年に農商務省の農事講習所規程が制定され、農業技術普及は文部省系と農商務省系が並行して整備されていくことになる。とくに文部省系では、高等農業教育機関としては帝国大学農学部や高等農林学校が、中等農業教育機関としては府県立農学校が、初等農業教育機関としては農業補習学校が、農業技術の研究開発と教育・普及を担う体制へと、戦前期にしだいに確立されていく。

第二次大戦後は、日本を占領したアメリカ進駐軍の方針で重要な農業改革が断行される。そのうちの一つに、一九四八（昭和二三）年の農業改良助長法があり、それによって農業改良普及員制度が都道府県に導入された。

（3）実地と学理との葛藤——横井時敬《ときよし》を例に

近代農法を開発・普及させる制度が整ったからといって、即座に農業者たちがそれに従ったわけではない。明治初期の地方における農事講習所の設立と廃止は、新しい農法の上からの導入に対する国内農業者の抵抗の表れともいえる。この葛藤は、技術普及と農法実践の現場だけに広がったのではない。農学研究の場においても、学理と実践との間に葛藤があった。それは明治期の農学者、横井時敬の思想のなかに鋭く反映されている。

横井時敬は一八九三（明治二六）年に帝国大学農科大学（四年後に東京帝国大学農科大学）の農学第一講座の初代担当者となる。この講座は、初期には栽培学を中心としていたが、のちには農業経営学を中心とする教育研究へと衣替えした。横井はまた、一八九七（明治三〇）年以来、大日本農会附属東京農学校の教頭・校長を務め、東京農業大学となってからは初代学長となり、生涯にわたってその任を務めた。

横井はいくつかの箴言《しんげん》を残している。なかでも、「稲のことは稲に聞け、農業のことは農民に聞け」「農学栄えて農業亡ぶ」はつとに有名である。これら二つの箴言は、いずれも実地と学理の総合という横井の農学に対する姿勢を如実に表している。横井は最高学府の教員として、農学研究が学理偏重となり、実地の農業や農業者から学ぶ姿勢が失われていくことを嘆いた。ゆえに、両者を総合する農学の姿を希求したのである。

横井の嘆きは、現実には実地と学理が乖離していく当時の情況を映し出したものである。その乖離は、第二次大戦後から現在にいたるまで、さらに拡大したといってよい。横井を評伝した金沢夏樹は一九九〇年代に出版された本の中で、「現在、農学自身は当時と較べものにならぬ程深く進歩し、かつ取り扱う研究分野もひろがった。しかし、『農学栄えて農業亡ぶ』という横井の嘆きはそのまま一層深い嘆きとなって現在に続いている」と述べている[2]。

ちなみに、有機農業に関する技術は、つい最近にいたるまで公的な農業技術普及機関においてほとんど指導内容として取り入れられてこなかった。その理由として、有機農業の技術が総合的であるため、要素に分解して因果を追究する近代農学の科学的方法に合致しなかった点が考えられる。やや唐突ではあるが、普及機関から農業者へという垂直的な技術普及制度が優勢であったがゆえに、在野から生まれた技術を取りこめなかった典型例といえよう。

4　技術としての近代農法

（1）多投入多収量型農法

では、垂直的関係によって普及された近代農法の技術とは何であったか。まず、肥料について検討しよう。リービヒが植物の三大栄養素を解明し、最初の化学合成肥料を製造して以降、生産

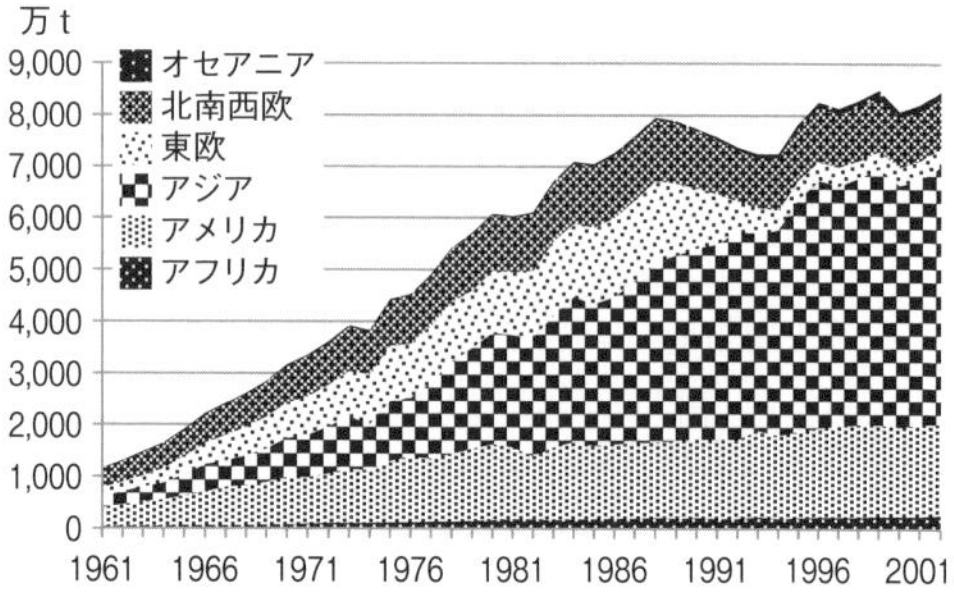

図1　地域別窒素系肥料消費量の推移
出典：FAOSTATより筆者作成。

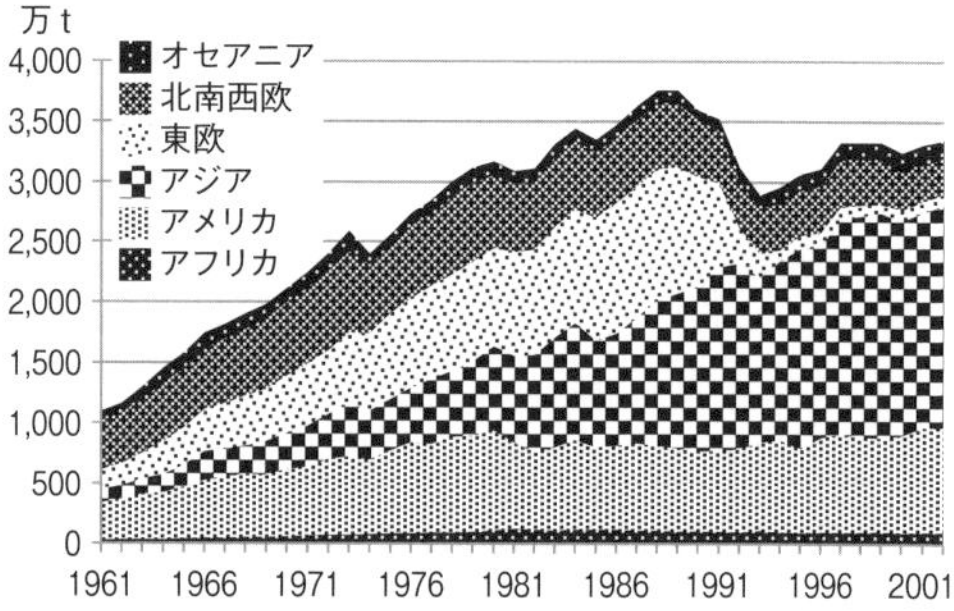

図2　地域別リン酸系肥料消費量の推移
出典：FAOSTATより筆者作成。

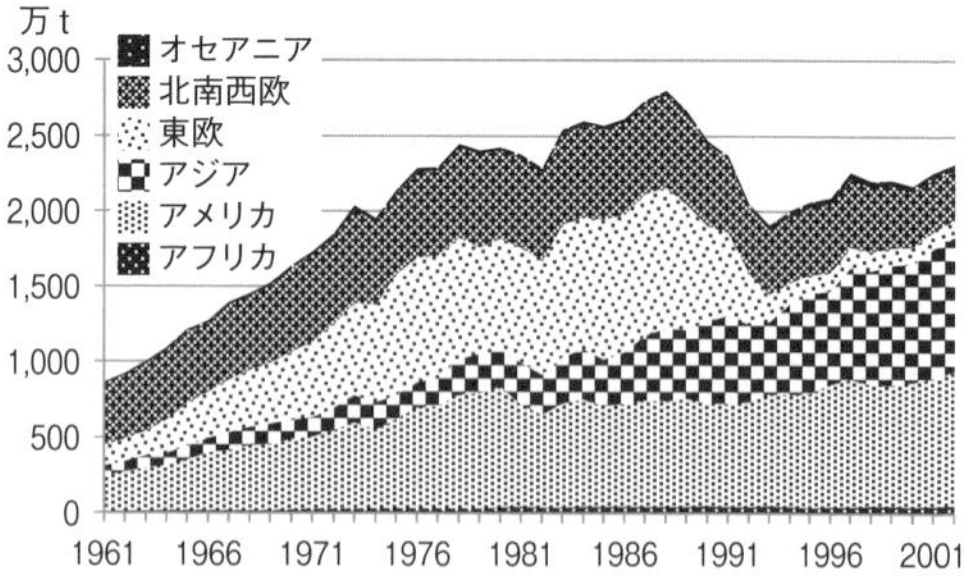

図3　地域別カリウム系肥料消費量の推移
出典：FAOSTATより筆者作成。

表1　水稲栽培におけるエネルギー収支（GJ／*ha*，倍）

	1950年	1955年	1970年	1974年	1974／1950
投入エネルギー（燃料、肥料、機械類等）	38.39	56.07	155.23	197.44	5.14
産出エネルギー（玄米収量換算）	48.72	62.16	72.66	74.34	1.53
産出／投入比率	1.27	1.11	0.47	0.38	0.30

出典：宇田川［1976］より作成。

物収量の増大のために、肥料製造技術が進歩してきた。なかでも、一九一一年に世界で初めて空中窒素よりアンモニアを合成する過程が工業化された窒素系肥料は、その後、めざましい生産量の拡大をたどった。図1～3は、それぞれ窒素系、リン酸系、カリウム系肥料の消費量の変化を地域別に示したものである。一九六一年から二〇〇二年までの増加率を比較すると、リン酸、カリウム系肥料が約三から三・五倍であるのに対して、窒素系肥料は八倍ほどに拡大している。

空中窒素を固定して肥料を合成するためには、多大なエネルギーが必要とされる。表1は、日本の水稲栽培におけるエネルギー収支の変化について、一九五〇年から七四年まで追った結果である。収量が増加して産出エネルギーも増加しているが、投入エネルギーの増加がそれをはるかに上回っているため、産出／投入比率は一・〇を下回り、三割の効率にまで低下した。宇田川［一九七六］によると、投入エネルギーのうち約二〇％が肥料製造によるものとなっている。世界の農業の場合、投入エネルギーの三十数％が肥料製造で、窒素系肥料の生産が主だという［白岩 一九九七］。

肥料の増投に加えて、それに耐えうる短稈の矮性品種の開発、病虫害防除や除草のための合成農薬の増投、環境制御のための灌漑水利開発がセットになって、一九六〇年代から「緑の革命」が進行した。そこで完成された多投入多収量型の技術体系は、近代農法の典型といってよい。この農法は、環境問題の発生を招き、社会格差を拡大したといわれるが、第二次大戦後に急増した世界人口に見合う穀物生産拡大をとにかく達成したのである。

(2) 農業の工業化の第二ステージ

投入される農業生産資材の多くは、工業的な製造過程によって産出される。肥料と並んで、投入エネルギーに占める比率の高い農業機械も、典型的な工業製品である。それらの投入財を多投し、あたかも工業製品を生産するかのような反生物的で無機的な技術によって農業生産を行い、ひたすらに量の拡大をめざすこと、坂本慶一はそれを「農業の工業化」とよんだ［坂本 一九七七：三〇–三七］。

「緑の革命」に象徴される農業の工業化過程によって、世界の穀物生産量は拡大した。それを示したのが表2である。世界の穀物生産量は、この五〇年間で約三倍に増加した。なかでもトウモロコシの生産量拡大は著しい。コムギが三・一倍、イネが三・四倍であるのに対して、トウモロコシは四・三倍に達する増加である。他方、これら三大穀物以外の穀物生産は停滞状態であり、それらの穀物類全体に占める比率は、四分の一から一〇分の一に下落した。

しかし考えてみると、私たちは日頃トウモロコシをそのまま食べる機会は少ない。日本以外で

表2　世界の穀物生産量の推移（100万 t）

1961年		1981年		2001年		2011年	
作物	生産量（%）	作物	生産量（%）	作物	生産量（%）	作物	生産量（%）
コムギ	222.4（25.4）	コムギ	449.6（27.5）	トウモロコシ	614.5（29.2）	トウモロコシ	888.0（34.3）
イネ	215.7（24.6）	トウモロコシ	447.1（27.4）	イネ	597.8（28.4）	イネ	725.0（28.0）
トウモロコシ	205.2（23.4）	イネ	410.1（25.1）	コムギ	590.5（28.0）	コムギ	699.5（27.0）
三大穀物以外	233.7（26.7）	三大穀物以外	326.0（20.0）	三大穀物以外	304.1（14.4）	三大穀物以外	279.1（10.8）
穀物類合計	877.0（100）	穀物類合計	1,632.8（100）	穀物類合計	2,106.9（100）	穀物類合計	2,591.6（100）

出典：FAO Production Yearbook より作成。

トウモロコシを主食とする中米のような食習慣が広がっているわけでもない。もちろんバーボンやコーンウイスキーなど、トウモロコシを原料とする酒類の消費が格段に増えているのでもない。

最大の生産国であるアメリカにおけるトウモロコシの用途をみると、シリアルや酒類原料、スターチとして直接に消費される比率はわずか五％で、工業的過程を経てブドウ糖や果糖として甘味料で使用されるのが七％である。つまり、人間の食用は一二％しかなく、そのうち半分以上は食品に添加される糖類のための工業原料である。残りの八八％のうち、四〇％は家畜飼料、そして四二％はバイオエタノール原料である。六％は輸出に回される[3]。

こうなるともうトウモロコシは農産物というより工業・畜産原料とよぶべき作物になっている。今や農業は生産過程のみが工業化されているのではなく、収穫後の利用も含めて工業化されているのである。このような生産と加工にまで及ぶ工業化の段階をさして、農業の工業化の第二ステージとよびたい。このステージは農法自体による変化ではない。従来の近代農法も工業製品としての投入財に依存しながら拡大してきたが、農業の工業化の第二ステージにおいては、より多面的により深く工業と結びつくことが特徴である。近代農法は産業システム総体との関係において、新しい存立形態を呈するにいたったといえる。

5　産業的農業思想と農本的農業思想

(1)　並列する農業思想

実態として近代農法は深化しつつあるが、それを支える思想の方向は一つではない。先駆的に農業倫理研究を開拓してきたポール・B・トンプソンによると、倫理的観点から考えて農業に対する見解は大きく二つに分けられるという［Thompson 2015a：173-185］。第一は、農業は特別ではなく単に一つの産業部門にすぎないという思想である。トンプソンはこの考え方を、産業的農業思想（Industrial Philosophy of Agriculture：IPA）とよぶ。この思想に従うと、農業によって産出される食についても、他の生活必需品と同様に扱われるべきものとなり、特別の倫理を考える必要はなくなる。

この思想は、産業全般を支える効率主義に依拠しており、その効率性によって農業における生産性も向上してきた。つまり、本章でいう近代農法を育んできた思想である。この効率主義が近視眼的に適用されると外部不経済を発生させることになり、世界中で数多くの環境問題を生み出してきた。しかし、長期的視野に立って費用と便益を天秤にかけることも可能なので、産業的農業思想が思想として問題なのではない。ただし、目的に対する効率性を課題とするので、道具的な価値が追求されることになる。

他方、農業を特別視する思想もある。そこでは、農業を環境や社会面から注意深く考察することによって、持続可能性に関する固有かつ重要な示唆が得られると考えられる。トンプソンはこれを農本的農業思想（Agrarian Philosophy of Agriculture：APA）とよぶ。この思想の背後には、万物は機能的に統合された全体性を有しているという考え方があり、すべての構成物が固有の価値をもつという環境倫理とも親和的であるという。この思想に立つと、自然の循環に密接に結びついた文化や価値が重要視され、全体性のなかでの相互作用を無視したような社会実験は危険とみなされることになる［Thompson 2015b］。

（2）二極併存としての近代

これら二つの思想の起源について、トンプソンは明示的に述べていない。ここで提起したいのは、これら産業的農業思想と農本的農業思想が、コインの表裏のように一つの対として、近代における農業への姿勢を表現していることである。先に、近代農法は産業的農業思想によって支えられてきたと述べた。直接的にはそうであるが、産業的農業思想がそれのみで存立できるのではなく、近代という時代にあって、農本的農業思想と対になってのみ存立できるとなると、近代農法はこの二つの思想に平等に支えられてきたことになる。

近代において農業思想はつねにこの二極化した思想の間を揺れ動いてきたのではないか。思い返せば、近代農法は一本調子で拡大してきたのではなかった。アメリカではトマス・ジェファーソンが大統領になった一九世紀初頭から、連綿とアグラリアン主義（Agrarianism）の伝統があり、近代の農業政策に影響を及ぼしてきた。理想像としての独立自営農民はその一例だろう。先に記したクルチモウスキーの論も、そうした対抗思想の表出と考えられる。日本でも、農業のみならず社会全体の近代化に対する反動として、第二次大戦以前に農本主義思想が拡大した。さらに、戦後においては、近代農法への対抗として有機農業が先進国を中心に広がった。これらの近代農業・農法への対抗運動は、代案として提案されてきたが、より広い視野から眺めれば、そうした代案がつねにセットになって、近代農業・農法が拡大してきたのである。

農法に対するこうした二極併存は、私たちの日常にも根づいている。本書に関連した例をあげよう。第Ⅲ部第3章に掲載された古在報告では、フォーラムのおりに、農作物の生育環境を人工的に制御し、工場において作物生産を行うことのメリットが淡々と語られた。その農法は明らかに産業的農業思想に基づく近代農法の延長線上にある。報告においては同時に、植物工場による生産は、経済性の観点から葉物野菜などの作物に限られることが何度も強調された。しかし、質疑では作物全般に対する生育環境の人工制御に対して、執拗な疑念が表明され、その反応は過剰なほどであった。極端な産業的農業思想に対する農本的農業思想からの揺り戻しとして、興味深い一幕であった。

6　疎遠化する農と食

(1) 近代農法の深化

アメリカの食農社会学者のトーマス・A・ライソンは、農業の近代化過程においてアメリカでは三つの農業革命が起きたという。第一は一九〇〇年代初頭から起きた「機械革命」、第二は第二次大戦直後からの「化学革命」、最後は一九八〇年代から始まる「バイテク革命」である［Lyson 2004：19-22］。この分類でいうと本章でおもに述べてきたのは、第二次までの農業の近代化革命である。現代の農法は、遺伝子組換え作物に代表されるバイテク技術、ナノテクノロジー、前節でも紹介した植物工場など、さらに技術が深化し、その開発の現場は組織的にも空間的にもアグリビジネス企業の内部となって、社会的にも視覚的にも一般社会から疎遠になりつつある。

しかし他方、それに対抗するようなさまざまな動きもある。まずは有機農業の広がりがある。その速度は国や地域によって違いがあり、商品化されることによって対抗的意義が薄まっているという批判もあるが、おおむね拡大傾向にある。また、複雑化し疎遠化したフードシステムを経由せずに、自給栽培を広げようという動きもある。農業の工業化の第二ステージにおいて工業製品と化した食に依存せず、巨大化するフードシステムの中間領域による支配からも逃れて、できるかぎり個人やグループで自分たちの食を調達しようという運動である。自給運動は、貧困や健康問題とも密接にかかわりながら、都市における農業の復権として各地から報告されている[4]。

結局のところ、トンプソンも指摘するように［Thompson 2015b］、産業的農業思想と農本的農業思想の対話のなかから、それらのベストミックスとしてのみ、将来の農業・農法像が構想されることになろう。両者の問題点を克服する第三の思想を生み出すことができれば、両者の併存こそが近代であるということでの定義からして、近代自体が克服されることになる。しかし、そうした弁証法的解決はそう簡単ではない。まずは粘り強い対話から始めるべきである。

（2）疎遠化する食を引き寄せる

食は人びとに普遍的にかかわる問題である。食を通じて、その向こうにある農業を考えることは、万民にとって先の二つの思想の対話を始めるきっかけとなる。農法は生産段階のものだが、その農法によって産出される生産物を私たちは食べる。食べるという普遍的な行為をより意識化することを通じて、逆に農法のレベルに働きかけることが可能となる。資本主義社会においては、最終的に購入されない商品は市場から消える運命にある。何を食として選択し購入するかが、さかのぼって近代農法を再考し、未来の農法の道筋を決定していく力をもつのである。

食の消費のレベルからフードシステム全体に働きかけようとする動きは、欧米を中心に世界各地で胎動しつつある。どのように食を選択すれば、自分にとっても、地域にとっても、世界にとってもよいのかという問いは、食の倫理にかかわる。ここでいう倫理とは、未来に向けてどうあるべきかを考えることであり、自分や地域、世界レベルの生命・環境的、社会的な持続可能性が「べき」を考える場合のキーワードとなる。これに関しての詳細は他のところに譲るほかない[5]が、食選択が意識化されたときに、何が未来にとって好ましいのかを判断できるような基準が消費レベルで示されなければならない。このためには、食の透明性を高めて、疎遠化した食を判断できる対象として引き寄せることが必須となる。巨大化し疎遠化した現代のフードシステムに、現在および未来の農と食を盲目的に依存してしまうことなく、各自が食選択という日常的行為を通じて、産業的農業思想と農本的農業思想の対話に参加できる体制づくりが望まれている。

〈注〉

（1）たとえば、高山［一九八一］、三好［一九八二］など。

（2）金沢・松田編著［一九九六：三四五］。この節の記述については、この金沢執筆による章が含まれた本書を全体的に参考にした。

（3）二〇一二／二〇一三年、アメリカ農務省（USDA）データ。

（4）直前にあげたLyson［2004］もその一つ。

（5）秋津［二〇一四］を参照。現在、食と農の倫理に関するより包括的な本を編集中である。

〈引用文献〉

秋津元輝　二〇一四「食と農をつなぐ倫理を問い直す」桝潟俊子・谷口吉光・立川雅司編著『食と農の社会学――生命と地域の視点から』ミネルヴァ書房。
宇田川武俊　一九七六「水稲栽培における投入エネルギーの推定」『環境情報科学』五（二）：七三－七九。
金沢夏樹・松田藤四郎編著　一九九六『稲のことは稲にきけ――近代農学の始祖横井時敬』家の光協会。
クルチモウスキー、R（橋本傳左衛門訳）一九一九＝一九五四『農学原論』地球出版。
坂本慶一　一九七七『日本農業の再生』中央公論社。
椎名重明　一九七六『農学の思想――マルクスとリービヒ』東京大学出版会。
白岩立彦　一九九七「作物収量と資源投入」『滋賀県立大学環境科学部年報』第一号。
祖田修　二〇一三『近代農業思想史』岩波書店。
高山昭夫　一九八一『日本農業教育史』農山漁村文化協会。
テーア、A（相川哲夫訳）一八三七＝二〇〇七『合理的農業の原理』（上巻・中巻・下巻）農山漁村文化協会。
三好信浩　一九八二『日本農業教育成立史の研究』風間書房。
村田純一　二〇〇九『技術の哲学』岩波書店。
Lyson, T. A. 2004 *Civic Agriculture : Reconnecting Farm, Food, and Community*. Tufts University Press, Medford.（北野収訳『シビック・アグリカルチャー――食と農を地域にとりもどす』農林統計出版、二〇一二）。

Thompson, P. B. 2015a *From Field to Fork : Food Ethics for Everyone*. Oxford University Press, New York.

Thompson, P. B. 2015b The Philosophy of Agriculture and the Ethics of Soil. 日本土壌肥料学会二〇一五年京都大会シンポジウム（京都大学）『土壌保全活動の推進に環境思想、環境社会学は何ができるか?』。

第2章　有機・自然農法の思想と実践

桝潟俊子
Masugata Toshiko
環境社会学・有機農業研究

1　有機・自然農法の提唱と運動の組織化

有機・自然農法を試みる動きは、一九世紀の終わりから二〇世紀の初めにかけて進んだ農業の近代化に問題を感じ、根本的な変化の必要を感じた科学者や技術者、先駆者たちの問題提起や実践から始まった。

後述するアルバート・ハワードは、近代農法が内在する環境・生命破壊亢進的性格は土壌の荒廃を必然的な結果としてもたらしたことを指摘し、減退した地力を維持・回復する方法を示唆した。このほか、オーストリアの神秘思想家・哲学者ルドルフ・シュタイナー（一八六一－一九二五）が一九二四年に提唱したバイオダイナミック農法（BD農法）がある。これは、人智学の支持者らによる化学肥料を使わない農業実践を理論化・体系化したものである。また、アメリカの土壌学者F・H・キング（一八四八－一九一一）は、東アジアの循環型永続農業に着目して、*Farmers of Forty Centuries of Permanent Agriculture in China,Korea and Japan* を著し、アメリカでの有機農業運動に大きな影響を与えた（原本一九一一、邦訳一九四四、復刻版二〇〇九『東アジア四千年の永続農業〈上〉〈下〉』、農山漁村文化協会）。

レイチェル・カーソンは、一九六二年に『沈黙の春』（原題 *Silent Spring* 邦訳『生と死の妙薬』一九六四、文庫版『沈黙の春』一九七四）をアメリカで出版し、農薬が生態系に与える影響に警鐘を鳴らした。日本においても、一九六〇年前後から有機水銀系農薬に始まり[1]、ＤＤＴ、ＢＨＣ、ドリン剤等有機塩素系農薬による人体被害や食品汚染が次々と問題になり、有吉佐和子の現地取材に基づいたルポルタージュ風小説『複合汚染』が一九七四年に朝日新聞で連載開始され、大きな反響をよんだ。

こうした農や食のあり方への批判、問い直しから、一九七〇年代の欧米や日本において、「反近代」「近代農業批判」の対抗文化《カウンターカルチャー》運動、あるいは農業・農民運動、反公害・環境運動として有機農業の取り組みが始まった。

組織的な有機農業運動として、一九七二年には欧米の有機農業生産者団体が結集してＩＦＯＡＭ（国際有機農業運動連盟）が設立され、日本ではその前年、一九七一年に有機農業研究会（一九七六年に日本有機農業研究会と改称）が発足した[2]。

後述のように有機農業の農法・技術論は西欧に起源をもち、日本の場合、直接的にはアメリカの有機農業運動の流れを汲んでいる。本章では、有機農業運動の歴史的展開をたどりながら、有機農業運動は何をめざしてきたのか、どのような思想や倫理、原理（理論）・農法（技術）、営み

（実践）が生み出されてきたのか、それらはどのような歴史的・社会的意義をもっているのか、検討していきたい。

有機・自然農法への転換にかかわる論点は多岐にわたるが、ここでは、有機・自然農法の技術を追求していくプロセスにおいて、農耕・農業という営みの基盤となる農法の原理・技術論はどのような地平に到達しつつあるのか、さらに、そうした農法への転換は、自然と「農の営み」との関係、農業者と生活者（消費者）との関係、農業と地域との関係に、どのような変革・組み立て直しを迫るものであったのか、社会・経済システムとの関連を視野に入れてみていきたい。このプロセスは、とりもなおさず近代社会のシステムや近代農業のあり方の問い直しであり、近代を超える農法や暮らし、地域・コミュニティの形成につながる方向や道筋を探りあてるホリスティック（全体論的）な包括的実践であるからである。

2　有機農業運動は何をめざしてきたのか

有機農業に取り組む動機や信念、思想や価値はさまざまであったが、農業の近代化による土壌の荒廃や健康被害、家畜の異変、環境汚染などの弊害に気づいた農民（農業者）は、在来・伝統農法に学び、自然や大地と向き合い試行錯誤を繰り返して栽培技術を工夫し高めていくより方法がなかった。そして、堆肥や有機物を投入して土づくりを行い、農薬や化学肥料に依存しない農法（技術）の確立に向け、各地で実践が繰り広げられた。

有機農業を広めることを目的に設立された日本有機農業研究会は、特定の方式の農法を広める取り組みに限定するのではなく、農耕・農業のあり方、食や生活のあり方、現代社会・現代文明のあり方を根本から問い直す幅広い実践をうながしていった。

日本における有機農業の提唱者・一樂照雄《いちらくてるお》（一九〇六―一九九四）は、「正しい農業あるいは本当の農業、あるべき形の農業とでもいうようなことを追求しようというわけですから、本当は有機農業という言葉自体がなくなることが望ましい」［一樂照雄伝刊行会編 一九九六：二七三―二七四］と考えていた。そこには、有機農業は独自の基準や農法に基づいた特殊な農業ではなく、近代（現代）社会において近代農業とせめぎ合う歴史的意義をもつという認識がこめられていたとみることができよう。

日本において「有機農業」という言葉が近代農業に対置して最初に用いられたのは、一九七一年の有機農業研究会の発足時である。この言葉は後述のロデイルが使用した organic farming の翻訳語であり、一樂の造語とされている。だが、その当時「有機農業」という言葉にこめて追求されたのは、本来の「あるべき農業」であった。だから、有機農業研究会発足時の会の規約（第一条）には、「この会は、環境破壊を伴わず地力を維持培養しつつ、健康的で味の良い食物を生産する農法を探求し、その確立に資することを目的とする」とある。だが、その農法の規定はきわめて具体性に欠けていた[3]。

だが当時、近代農業に代わる技術の開発は模索の過程にあった。有機農業の実践が各地で始まった頃は、未熟な堆肥や有機物を田に大量に鋤《す》きこんで稲が倒伏してしまったり、イモチ病やウンカなどの病虫害に見舞われたりした。消費者はとにかく「農薬や化学肥料は使わないでほしい」ということに強いこだわりをもっていた。

草創期におけるこのような悪戦苦闘をとおして、しだいに「あるべき農業」の具体像が紡がれていった。それは、地域に適した作目を選択してなるべく多品目を作りまわす「有畜複合自給農業」として提起され、そこでは農業だけでなく生活・地域を包括してとらえた自給・物質循環が重視されたのである。だが、「あるべき農業」を追求・確立していく過程において作られた農産物を市場出荷したところ、買いたたかれた。

こうした初期の経験から、有機農業運動は「経済の論理」に対抗し、「生命の論理」に基づく社会経済システムの組み立て直しへ向かわざるをえないことを直感した。そして、食べものを「商品化」し、食と農を市場経済に組みこんでいった近代化・産業化を根底から問い直すという視座を獲得し、生産者と消費者はじかに結びつき、〈提携〉を軸にした相互変革運動（イノベーション）を展開していく。いわゆる「顔の見える関係」のもとで農業と暮らしのあり方を見直すことによって、「あるべき農業（＝有機農業）」を追求していったのである。

3　ハワードの農業理論と堆肥施用有機農業技術

それでは日本の草創期の有機農業運動において、「あるべき農業」「本来の農業」としてどのような原理・理論に立脚した農業を追求しようとしたのであろうか。

日本だけでなく欧米における有機農業運動に大きな影響を与え、有機農業のもっとも有力な世界的潮流となっているのが、イギリスの植物病理・微生物学者であるアルバート・ハワード（一八七三―一九四七）が『農業聖典』（原本一九四〇、原題 *An Agricultural Testament* 邦訳一九五九、新訳版二〇〇三）や『ハワードの有機農業』（原本一九四五、原題 *Farming and Gardening for Health or Disease* 米国版一九四七、*The Soil and Health* 邦訳一九八七）で提起した「持続的農業を築くための原理・理論」である。

ハワードは農業技術者として一八九九年に当時イギリスの植民地であったインドに渡り、現地の農法、広くは中国など東洋の農法に学んで新しい技術体系を提唱した。その技術の中軸には、当時インドール式処理法（インドールはインド中部の都市名）と名づけられていた腐植の製造（堆肥づくり）がおかれ、菌根菌がつなぐ土壌と作物との共生関係形成の重要性を説いた。ハワードは、近代農法・近代農学のあり方を根底から問い、痛烈な批判を含めて、持続的な農業の生産システムにおいて地力の維持は第一の条件であり、一般の作物生産過程において地力はつねに消耗されているので、動植物の腐植（humus）による肥培や土壌管理が不可欠であると結論した。

日本では一九五〇年、ハワードの共鳴者で、アメリカに有機農業を普及させたJ・I・ロデイル（一八九八―一九七二）の著書が『黄金の土』（原本一九四五、原題 *Pay Dirt*）という題名で翻訳・出版された。これがハワードの持続的農業論・地力論の日本での最初の紹介であった。ロデイルは、「organic（オーガニック）」という言葉に「化学肥料［薬品］を用いない、有機農法［栽培］の」という意味をこめて使用した。[4] そして、ハワードが提唱する農業をorganic farmingと称した。ロデイルは、広まりつつあった化学肥料の害を説き、当時のアメリカに広範囲にみられた略奪農業による土壌荒廃を保全し、健康な食物を生産できる農業は堆肥農業にあるとして、有機物の土壌還元を主張したのである。

その後一九七四年に、一樂照雄はこのロデイルの著書を『有機農法――自然循環とよみがえる生命』と改題・改訳し、有機農業の原理・理論の普及に努めた。有機農業は単に農薬・化学肥料を使用しないだけでなく、「物質・生命循環の原理」が内包され、それが環境保全や環境への負荷の軽減、持続可能性などの機能をもつ、自然共生型農業であった。

だが、「有機農業」の「オーガニック」「有機的」という言葉には、〝有機物〟〝堆肥〟というイメージがあり、「有機農業は単なる堆肥施用農業・理論」として矮小化された理解につながる危険性をともなうものであった。有機農業への関心が高まり有機農産物のニーズが増えていくなかで、「化学肥料を使わず有機質資材を施用すれば有機農業」といった底の浅い認識・理解が一部に広がった。また、有機農業の定義があいまいなまま「有機農産物」表示が氾濫し、〝まがいもの〟が横行するなど、市場流通において混乱が起き、大きな社会問題になった（一七〇頁、資料参照）。

一九九〇年代末には、国際的な有機認証システムとの整合化（ハーモナイゼーション）を図るために、日本でも有機農産物および食品の検査認証制度（有機ＪＡＳ）が導入され、二〇〇六年一二月には有機農業推進法が制定されるなど、国（農林水産省）レベルの有機農業関連政策・制度の整備が進んだ。だが、法制化された基準（有機ＪＡＳ）は、有機農業のミニマムスタンダード（最低必須条件）を盛りこんだもので、前述の底の浅い誤った認識・理解を制度化してしまった。

4　自然農法の思想と実践

以上のような堆肥施用を重視する有機農業技術に対して、日本には、日本有機農業研究会の設立に先立って、「自然農法」の名のもとに有機農業の長い実践の歩みがあった。第二次世界大戦前の一九三〇年代中頃から、宗教家の岡田茂吉《もきち》（一八八二―一九五五）、農業哲学者の福岡正信《まさのぶ》（一九一三―二〇〇八）はそれぞれ別個に、農薬や化学肥料に依存しないで土と作物の力を引き出すことを基本に農法を組み立てていくことを提唱し、それぞれ「自然農法」と呼称してきた。

岡田茂吉は世界救世教（当初の教団名は「大日本観音会」、一九三五年に大本教から分かれて立教）の創始者である。幼少期からの数多い病気体験をとおして薬が人体に及ぼす害に気づき、「浄霊法」「自然農法」「芸術」によって人類救済と病貧争のない世界の実現をめざし、宗教活動を展開した。一九三一年、三四年の水稲大冷害の本質を見抜き、化学肥料の弊害を感知した岡田は、立教の頃から化学肥料を使わない自然尊重の農業研究に自ら着手した。世界救世教の機関誌、月刊『地上天国』の創刊号（一九四八年一二月一日発行）に「無肥料栽培」の論文[5]を発表し、戦後の食糧難の時代に自然農法の本格的提唱と普及が開始された。当初は「無肥料栽培」と呼称していたが、無栄養ではなく、「土自体の栄養を吸収させる」「（自然）堆肥だけで画期的な成果が挙がる」農法であり、「堆肥は大いに使う」ので、一九五〇年より「自然農法」に名称を変更し、積極的に普及活動に取り組み、自然農法実践者を教団内で増やしつづけた。

福岡正信は岐阜高等農林学校を卒業し、横浜税関に勤務して植物検疫の仕事に従事していた。二五歳のときに「世界は無だ」と悟り、郷土伊予市に戻って一時帰農。自然農法の模索を開始する。その後、高知県農業試験場で農業技術者として植物病理の試験研究に携わるが、戦後の一九四七年に再び帰農した。

福岡の自然農法の骨子は、無耕起、無除草、無農薬、無（化学）肥料の四本柱である。理念としては、前述した岡田の自然農法と軌を一にするもので、「自然のリズム」に沿った農法を尊重し、「現代の工業的、いわゆる科学農法」を全面的に否定して、自然農法の探究に没頭した。一九七五年に出版された『［自然農法］わら一本の革命』が、一九七八年にアメリカのロデイル・プレス社から *One Straw Revolution* として翻訳出版された。福岡の自然農法は、日本国内ではあまり大きな影響はもたらさなかったが、外国では相当高く評価されている。

5　自然農法、無肥料・自然栽培の原理・技術論

近代農業は、農薬などの資材やエネルギーを大量に投入して、作物を安定・集約的に大量に生

産するための技術体系であり、増えつづける人類に安価で〝安全な〟食料供給を約束してくれている。これに対して、自然との共生を模索していこうとする有機農業や自然農法は、小規模な農業や自給自足には向いているが、広い面積を耕作できないから、一般的には、慣行農業（近代農業）と比べると人類の食料を確保できないと考えられている。

だが、化学肥料についてみても、日本は原料のリン鉱石やカリ鉱石をほとんど輸入に依存しており、世界的にも不足しつつある。窒素肥料の原料となっているアンモニアを生産するには天然ガスや石油が必要である。ナタネの油粕、骨粉などをはじめ、有機質肥料も輸入に多く依存している。改めていうまでもなく、水や石油など限られた資源なしに慣行農業は立ちいかなくなっている。

また、二〇〇二年度の食の文化フォーラム『食と大地』において、「（近代農業における：筆者注）農作物の品種の単一化が、生態系の維持にとって危険であり、いわゆる〝合理化〟には、さまざまな陥穽が待ち受けている」から「大地の循環原理を認識したうえで、人間や大地にとっての多様性という問題を基本にすえつつ、新たな食の生産システムのあり方」の検討が示唆されている［原田 二〇〇三：二五二］。自然生態系の循環を生かす有機農業が地域に広がることは、生物多様性をはじめ、地域に豊かさをもたらす「新たな食の生産システム」構築につながるのである。

このような資源問題や持続可能性、生物多様性を視野に入れ、中島紀一や明峯哲夫らをメンバーとする有機農業技術会議(6)は、施肥・資材依存型はたとえそれが有機農業であっても、生態系の貧弱化をもたらし持続性をそこなうと指摘した。そして、施肥・資材に依存するのではなく、省資源の「低投入型の有機農業」を提唱した。有機農業では、圃場と圃場をとりまく環境（自然）を一つの生態系（無数の生物がうごめき生きている環境）ととらえ、作物はそのなかに自らの位置を確保しているとみなして、自然と共生する技術形成が求められる。それを、「低投入・内部循環・自然共生の有機農業技術」として提起した［中島 二〇一三］。

その技術を探究する途中で秀明自然農法農家との出会いがあり、その実態調査をふまえて、無施肥を前提とする秀明自然農法が長年にわたって追求してきた技術と「低投入型の有機農業」は親和性があることがわかってきた[7]［明峯 二〇一五］。

このほか、リンゴの無農薬栽培を確立した木村秋則さんや川口由一さんが実践している自然栽培、自然農に注目が集まっている。「無肥料自然栽培」に挑戦する若い有機農業者が中心のグループ（「nico（にこ）」：Natural and Independent Cultivation Organization）が二〇〇八年に埼玉県富士見市で設立され、その普及と定着をめざす動きも出てきている。

また、近年、農業への新規参入者は有機農業に取り組む傾向が強く、慣行農家にも有機農業が広がっている。そうした事情から有機農家が増え、草木や厩肥などの有機物を地域内で確保することが難しくなった地域（たとえば埼玉県小川町）において、自然栽培への関心が高まっている。

有機農業がもつ一つの側面は「農地土壌の炭素循環」であり、一部の有機農業者はこの側面を強調して「炭素循環農法」と称している。自然農法農家が実践的に体験してきた農耕地における原理の科学的解明が進んでいる。土壌生態学者・金子信博らによる測定では、もと棚田（川口由一さんの赤目自然農塾）の不耕起・草生栽培による管理年数と、土壌炭素量の関係は直線関係にあり、年間60g/m^2という速度で炭素が集積していた［金子 二〇一五：一五］。このように土の状態が急速によくなる理由は雑草の豊富な根にあり、難分解性の植物性有機物は土壌微生物の活性を高めると考えられている。

農薬や化学肥料を多投する近代農業批判から出発した有機農業は、長い間、農政や農学において「究極の農業」と称されて一般の農業と区別され、「変わり者」による特殊な農業と位置づけられてきた。だが、有機・自然農法は、耕作理論として、そして農業技術として、新たな高みに到達する可能性が科学的にも解き明かされつつある。

6　有機農業はどこに向かうのか――持続可能な自然共生型農業と消費を求めて

有機農業は、化学肥料や農薬を多投する近代農業の反省の上に立って行われてきた。ところが有機市場の拡大につれ、実際に行われている有機農業のなかには化学肥料でなくて有機質肥料なのだが、有機資材を大量に農地に入れることによって農地の生産性を高め、収量を上げるという考え方に従った量販タイプの経営指向がみられるようになり、有機農産物市場拡大を背景にビッグ・オーガニックが出現している。

とくに、日本では二〇〇一年の有機ＪＡＳ制度の施行以降、「底の浅い有機農業《シャローオーガニック》」の広がりが目立つ。「単なる無農薬・無化学肥料栽培のための技術」「有機資材を使用する農業技術」、あるいは「有機JAS規格クリアのための技術」などである。またアメリカでは、有機農業の「慣行化」（有機生産の一部の大規模農場への集中化）が進展している。これらの技術は、ノンケミカルで「高付加価値」の有機農産物を商品化し、マーケティング戦略を駆使して市場拡大を志向する有機農業につながるタイプである。こうした有機農業の出現には、近代化したグローバルなアグリフードシステムの形成、および国際的な整合性をもった基準の制度化と規格化の導入が不可欠であった。

これに対して、「本来の農」を追求してきた有機農業運動は、「自然と共生する在地性をもった循環農業」という新しい地平を見出しつつ深まりをみせていることに注目したい。日本で有機農業の取り組みが始まった一九七〇年代初頭から四〇年余、当時の先駆者たちの有機農業はすでに成熟期を迎え、長年にわたる堆肥投入による土づくりの結果、農地は安定した生態系となってきている。(8) ここにいたった有機農業は、もはや外部からの有機物投入にそれほど依存することなく、作物残渣や雑草、草木、刈敷などを活用する「低投入・自然共生型農業」への進化がみられる。このような栽培管理の技術は、堆肥の力で野菜などの単作栽培を行う従来の有機農業とは異なる。成熟した有機農業は、限りなく「自然農法」と親和性をもつ技術に変化している（図1、表1参照）。

低投入で持続性のある土づくり（マメ科や多年生作物との輪作、耕耘の休止、施肥管理法の改善など）、カバークロップ（緑肥）の導入や作物残渣マルチを利用した雑草抑制や施肥技術、環境負荷の軽減や自然生態系の生物多様性を生かす農法など、「本来の農」を追求する日々の実践のなかから新しい技術の芽や工夫が次々と試みられている。「生産者」「流通」「消費者」という既成のアグリフードシステムに組みこまれている構造から脱け出し、人間と自然との関係を抜本的に見直し、〈提携〉のネットワーク（「生命共同体的関係性」）や協同的な社会事業（連帯経済）など、新たな関係性がローカルな場で創り出されている。そして、産消提携、適正規模の市場形成（地産地消やファーマーズマーケット等）など、さまざまなオルタナティブな新しい「食と農をつなぐ〈仕組み〉」が広がっている。とくに日本における初期の有機農業運動のなかで創り出された「提携」（＝Teikei）」方式は、欧米をはじめ世界的にＣＳＡ（Community Supported Agriculture：地域支援型農業）など、ローカルなＡＦＮ（Alternative Food Network：もう一つのフードネットワーク）運動として多様な展開をみせている［桝潟二〇〇八］。

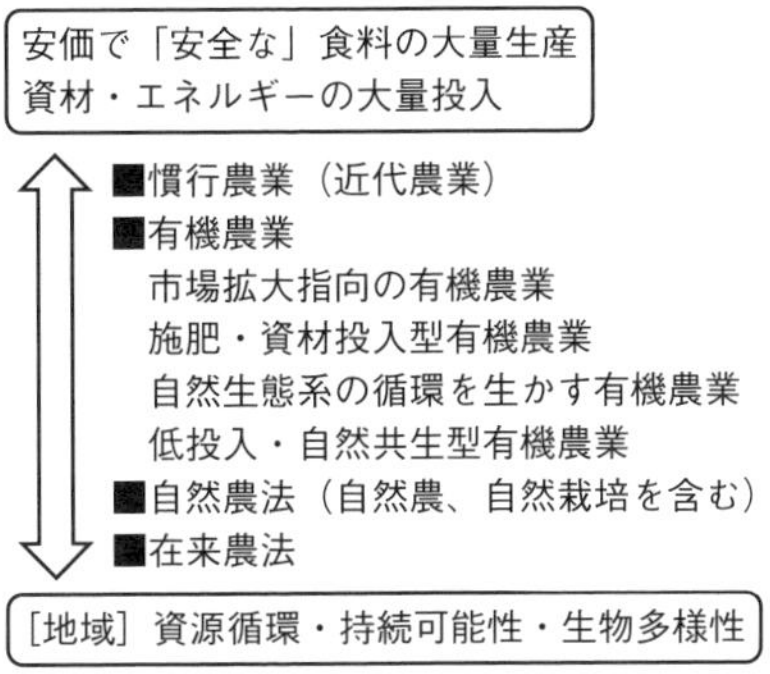

図１　資源循環・持続可能性・生物多様性の軸と農法類型

　また、有機農業と共通する理念を追求するアグロエコロジー運動が、近年、ラテンアメリカや南アフリカを中心に広がっている。これは、生態系を守る農業のあり方

表1　有機農業の農法類型

	自然農	自然農法	炭素 循環農法	有機農法 （提携 タイプ）	有機農法 （量販 タイプ）
有機JAS 認証				←	→
主な経営型	個人	個人	個人	個人 （～法人）	法人、 生産組合
土づくり 施肥	ほとんど 無し	原則は植物質 （無～少）	植物質 炭素源主体	家畜糞 植物質	有機質 肥料の 考え方
窒素固定	◎	◎	◎	◎～○	△
耕うん	不耕起	耕起・不耕起 を使い分け	不耕起にこ だわらない が、耕し方 に特徴	耕うんが 基本 不耕起例も あり	耕うんが 基本
雑草	無除草 刈り倒し	除草と無除草 の使い分け 草生の活用	同左	徹底除草型、 適宜除草型、 草生活用型	徹底除草 が主
品目数	多品目	多品目	多品目	多品目	単作～ 少品目
低投入 生物多様性	強く意識	同左	同左	同左	あまり 意識 しない

注：左の方の有機農業はできるだけ低投入で土づくりを意識し、「土が作物を育てる」ことを主眼とし、周辺の生態系とつながって生物多様性のはたらきを活用しようとしている。一方で、右端の有機農業は、土づくりと生物多様性がもたらす恩恵を十分活用できないジレンマを抱えている。周辺の環境生物とつながるよりは、むしろ遮断することによって病虫害対策を行おうとしている。（この注は、筆者が本文より引用して加筆）

出典：涌井［2015：37］

や社会のあり方を求める科学や運動、実践すべてを包みこむ動きで、ＦＡＯ（国連食糧農業機関）はじめ、フランスなど各国で政策課題にのぼっている。

有機農業運動は、一九世紀の終わりから二〇世紀の初めにかけて農業が進みはじめた方向に問題を感じ、根本的な変革の必要から数多くの先駆者たちが始めた運動である（「オーガニック1.0」の段階）。一九七二年のＩＦＯＡＭの発足を契機に国際的レベルの有機農業運動が組織され、先駆者たちが創り出した農業体系や文書を、基準（有機農業団体の自主基準など）、のちには国やグローバルな法制度という形に成文化し、年間七二〇億ＵＳドルを上回る規模の市場の確立にまでいたった（「オーガニック2.0」の段階）。オーガニック2.0により、先駆者たちのビジョンが実践可能な現実となった。ＩＦＯＡＭは、有機農業運動の次の段階（「オーガニック3.0」）では、「真に持続可能な農業と消費のあり方」の追求を目標に、これまでニッチにあった有機セクターを、地球と人類が直面する難題の解決に不可欠な手段の一つとしてメインストリームに押し出し、これまでの実践の成果や効果を前面に出した積極的な行動そしてパラダイムシフト（発想の転換）をよびかけている。(9)

世界に存在する農業やフードシステム、環境、文化そして期待もさまざまであり、万能な解決策はない。「真に持続可能な農業と消費のあり方の追求」というオーガニック3.0の目標達成は、世界各地における「多様な地域社会に根ざしたより持続可能な新しい形の食料生産、加工、流通システムの再生・創出」にかかっているのではないだろうか。

【資料】 農林水産省ガイドラインによる有機農産物等の範囲概略図［桝潟 2008：122］

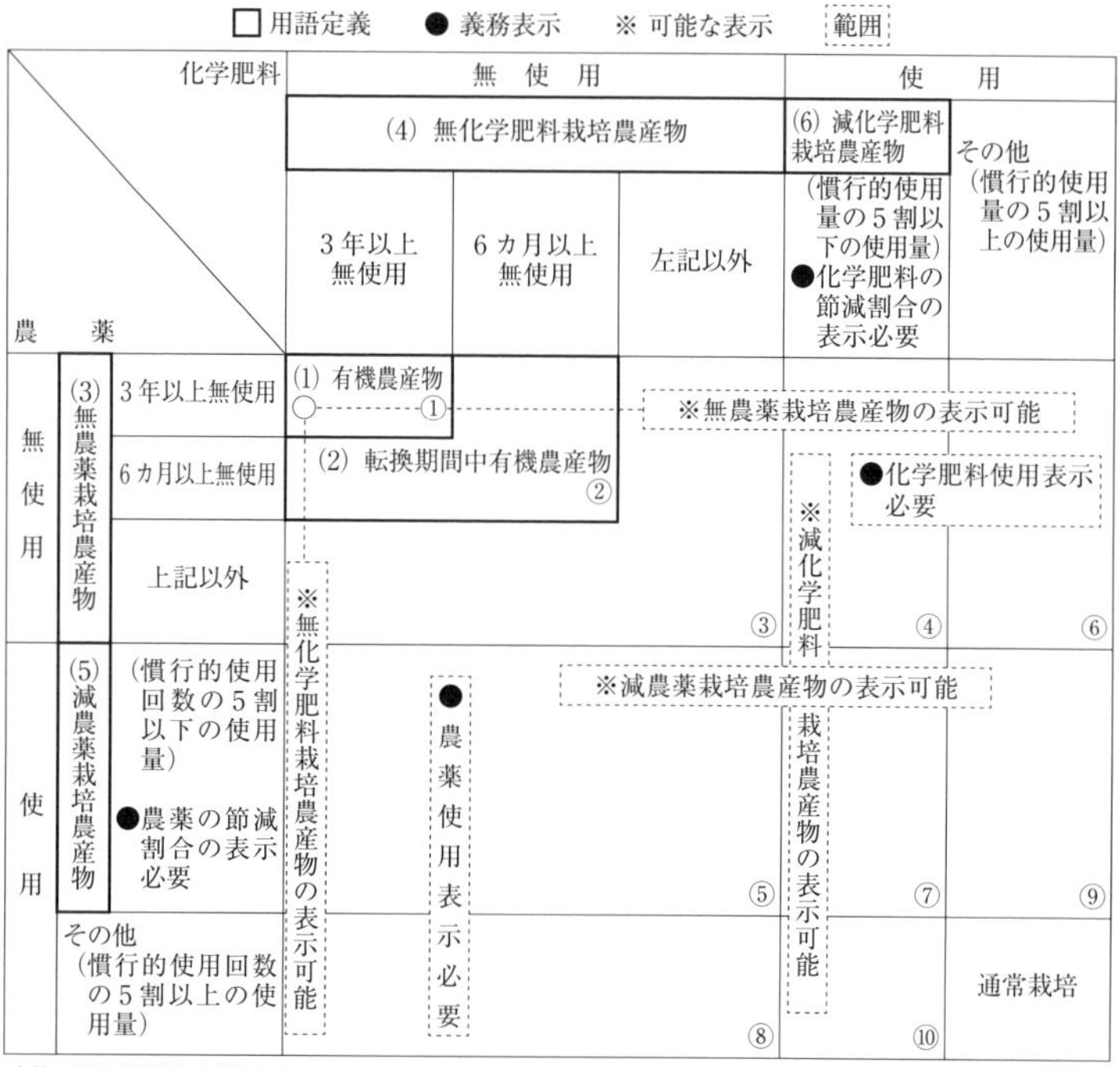

定義の概略「有機農産物等」とは、以下の（1）～（6）の農産物をいう。

(1)「有機農産物」（上図の①）

A　堆肥等による土づくりを行ったほ場において、化学合成農薬、化学肥料及び化学土壌改良資材を使用しない栽培方法で生産された農産物

B　かつほ場は、上記栽培方法に転換してから3年以上経過したもの

ただし、次の化学合成資材は、必要最小限の範囲で認められる。

a　無機硫黄剤、無機銅剤

b　フェロモン剤等の作物又はほ場に直接施されない農薬

c　種子・苗にあらかじめ処理された化学合成資材

d　作物の生長に不可欠な微量要素を補給する肥料

(2)「転換期間中有機農産物」（上図の②）

有機農産物の栽培方法に転換して6カ月を経過したほ場で生産された農作物

(3)「無農薬栽培農産物」（上図の③④⑥）

農薬を使用しない栽培方法により生産された農産物

(4)「無化学肥料栽培農産物」（上図の③⑤⑧）

化学肥料を使用しない栽培方法により生産された農産物

(5)「減農薬栽培農産物」（上図の⑤⑦⑨）

化学合成農薬の使用回数がおおむね5割以下で生産された農産物

（当該地域の同作期の作物に慣行的に使用される回数の5割以下）

(6)「減化学肥料栽培農産物」（上図の④⑦⑩）

化学肥料の使用回数がおおむね5割以下で生産された農産物

（当該地域の同作期の作物に慣行的に使用される使用量の5割以下：窒素成分量の比較）

〈注〉

（1）一九六五年当時、イモチ病防除のため有機水銀剤が年間四〇〇トン近くも散布されていた。長野県佐久病院の若月俊一医師等の努力により稲わらや籾、米などの食品中に広く有機水銀が残留する事実が判明し、農林省はそれまでの重い腰をようやくあげ、一九六八年を目途に稲用有機水銀剤の散布を非水銀剤に切りかえるべく行政指導にのりだすことになった［保田 一九七七：三-四］。

（2）この研究会の結成に努力したのは、呼びかけ人の一樂照雄のほか、農薬追放に尽力していた奈良県五條市の医師・梁瀬義亮、農村医学の創始者で長野県佐久病院長の若月俊一、土壌学者で日本的有機農法を主張していた横井利直、土壌生物学の草分け的存在・足立仁、農業改良普及所長の職を辞し自然農法の普及に尽力してきた露木裕喜夫、農業昆虫学者の深谷昌治、植物生態学者の宮脇昭などであった［保田 一九七七：一一］。

（3）その後、日本有機農業研究会は、一九八八年九月に、「有機農業の原理」（「その地域の資源をできるだけ活用し、自然が本来有する生産力を尊重した方法」）を盛りこんだ有機農産物の定義を発表したが、それ以上の具体的な農法や栽培方法の基準は示さなかった。

（4）organicという言葉を農法において最初に使用したのは、イギリスの農学者ウォルター・ノースボン卿である。一九四〇年に出版した*Look to the Land*で、organic versus chemical farming（オーガニック対化学農法）としてとりあげている［星野 二〇一六：一四八、Paull 2006］。

（5）岡田が著した「無肥料栽培」は科学的な論文ではないが、（公財）自然農法国際研究開発センターの機関誌『自然農法』七三号（二〇一五年九月発行）に、自然農法創始者の言葉「無肥料栽培」（四八-五〇頁）と題して収録されている。

（6）有機農業推進法制定に向けての民間レベルの運動のなかで、二〇〇六年六月に「有機農業の技術確立を進める全国ネットワーク」が立ち上げられ、このネットワークは、その後二〇一一年九月にＮＰＯ法人有機農業技術会議として組織化され現在にいたっている［中島 二〇一三：五六］。

（7）秀明自然農法は、神慈秀明会（教祖：岡田茂吉）の会主である故・小山三代子が一九九二年に信者に対して自然農法の実施を呼びかけ、それを受けて農家だけでなく多くの非農家の信者が自然農法に取り組んだことに始まる。やがてその規模は、二〇一二年には生産者約五五〇世帯、消費者約一万五〇〇〇世帯にいたった。二〇〇三年に滋賀県甲賀市を本拠地として設立されたＮＰＯ法人秀明自然農法ネットワークは、岡田茂吉の理念を受け継ぎ、秀明自然農法として国内外で普及活動にあたっている。

（8）たとえば、日本有機農業研究会が有機農業アドバイザーとして認定している、松沢政満さん（福津農園・愛知県新城市）、戸松正さん（帰農志塾・栃木県那須烏山市）、岩崎政利さん（種の自然農園・長崎県雲仙市）、金子美登さん（霜里農場・埼玉県小川町）、林重孝さん（林農園・千葉県佐倉市）らの農園。

（9）ＩＦＯＡＭ 討議資料：ORGANIC 3.0 – THE NEXT PHASE OF ORGANIC DEVELOPMENT. http://www.ifoam.bio/en/organic-policy-guarantee/organic-30-next-phase-organic-development 2016/06/07）。

〈**参考文献**〉

明峯哲夫 二〇一五『有機農業・自然農法の技術――農業生物学者からの提言』コモンズ。
一樂照雄伝刊行会編 一九九六『一樂照雄伝』農山漁村文化協会。

金子信博　二〇一五「農業生産を支える土の中の生きもの」『第16回　有機農業公開セミナー資料集』有機農業参入促進協議会、一三-一六頁。
中島紀一　二〇一三『有機農業の技術とは何か――土に学び、実践者とともに』（シリーズ地域の再生20）農山漁村文化協会。
原田信男　二〇〇三「食と大地の歴史」原田信男編『食と大地』（食の文化フォーラム21）ドメス出版、二二九-二五七頁。
ハワード、A（横井利直・江川友治・蜷木翠・松崎敏英訳）一九八七『ハワードの有機農業〈上〉〈下〉』農山漁村文化協会。
星野紀代子　二〇一六『旅とオーガニックと幸せと』コモンズ。
桝潟俊子　二〇〇八『有機農業運動と〈提携〉のネットワーク』新曜社。
保田茂　一九七七「有機農業論の背景と論理（1）」『神戸大学農業経済』13：一-三〇。
ロデイル、J・I（一樂照雄訳）一九七四『有機農法――自然循環とよみがえる生命』農山漁村文化協会。
涌井義郎　二〇一五「有機栽培の考え方と技術の基本」『第16回　有機農業公開セミナー資料集』有機農業参入促進協議会、三五-四〇頁。
Arai, M. et al. 2014 Changes in soil carbon accumulation and soil structure in the no-tillage management after conversion from conventional managements. *Geoderma* 221–222C, 50–60.
Paull, John 2006 The Farm as Organism：The Foundational Idea of Organic Agriculture, *Journal of Bio-Dynamics Tasmania*, #83：14–18.

第3章　グローバル技術と今後の農業・食文化

古在豊樹　Kozai Toyoki
生物環境学

1　はじめに

今後の農業技術はどのように変わるのだろうか。また、都市の文化と食の文化は来るべき農業技術とどのようにかかわるのだろうか。近代農業は、単作と農業機械の導入による大規模集中化、化学肥料・農薬の大量投入および灌漑設備の整備を通じて、収量を増大させた反面、化石燃料とその製品および水を大量消費してきた。一九九〇年以降は分子生物学を基盤とする育種の成果が導入されはじめた。その結果、近代産業と近代農業は、大気CO_2濃度上昇、気候変動・異常気象、生物多様性減少、環境劣化等をもたらし、さらに都市人口増加、農村人口の減少と高齢化などの諸課題に直面している。

そこで、今後五〇年間の「農業」と「食の文化」の変化の方向性について、限界費用、ローカル技術、グローバル技術などをキーワードにして、試論を述べてみたい。なお、本稿は、古在豊樹［二〇一六］を大幅に加筆修正したものである。

2　「食と文化」に関する基本的視点

文化（culture）の語源は農耕（culture）である。農耕・文化は風土（気候・土壌・地形・景観・歴史など）に影響されることから、ローカル（地域的）で多様性に富む。農耕の特質は「いのち（life）」を生み、育み、継承することにある［古在 二〇〇九］。いのちは、個体だけでなく多様な社会（コミュニティ）にも宿る［広井 二〇一五］。いのちは、心、身、食および環境により育まれる［古在 二〇一一、二〇一四a］。

他方、農耕が生み出した富は都市を成立させた。市街地と農地が峻別された欧州の諸都市（city）においては、農耕にかかわることのない市民（citizen）が文明（civilization）を生み出してきた。他方、江戸時代の江戸の街は、当時としては世界最大の一〇〇万人の人口を擁しながら、その四〇％以上は農地だった［藤井ら 二〇〇二］。

文明はユニバーサル（グローバル）で、普遍性と開発志向・拡大志向を有する。文化と文明はしばしば同様な意味合いで用いられるが、それが農村・農業・農民を基盤として生まれたのか、農耕に無関係な都市・市民から生まれたのかの区別は、それぞれの特色を考えるうえで意味があろう。たとえば、わが国の明治時代以前の庶民、貴族、武家の文化は、市街地に多くの農地を含むなかで育まれたもので、農村・農民・自然を基盤とした文化の影響を色濃く受け継いでいるといえる。

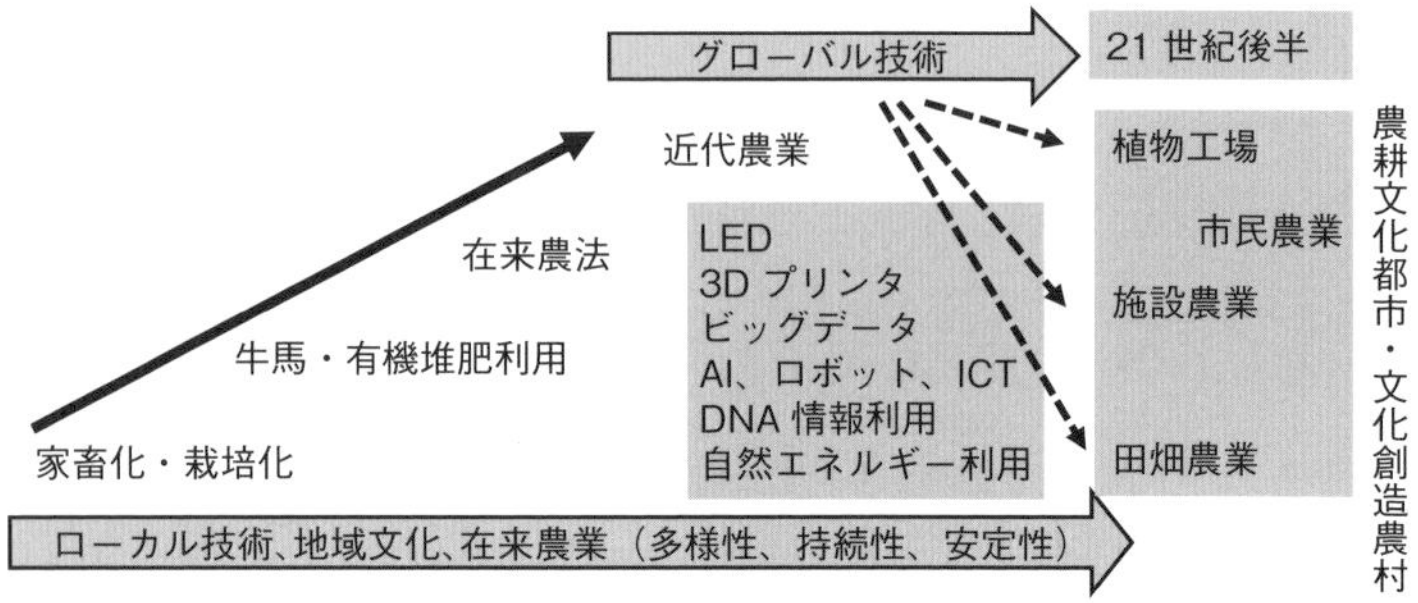

図 1　地域に根ざした文化・農業・農耕文化都市・文化創造農村の創造のためのグローバル技術の導入を示す模式図

文化は芸術と学術をも含み、学術は科学、技術、教育を含む。技術は、文化と関連するローカル技術と文明と関連するグローバル技術に大別される。現代のグローバル技術の代表例は情報技術（インターネット空間技術）とバイテク技術（ゲノム編集技術など）であり、今後は、両技術の融合（広義のアグリ／バイオ・インフォマティクス）が進展する。在来農法は主にローカル技術で支えられているが、近代農業技術はローカルな風土に規定されながらも、グローバル技術への依存度を高めてきた。

3　次世代農業の視点——近代農業をどう超えるか

私たちがめざすべき質の高い持続性社会では、「農村と都市」「農業と工業」「文化と文明」という二項対立的な概念を超えることが求められる。そして、現在の農業のローカル性（文化性）と持続性をより豊かで高品質にするために、グローバル技術を適切に利用する視点が必要になる（図1）。グローバル技術は、農業のローカル性を豊かにするのに役立つだけでなく、生物生産の省資源・環境保全性、持続性を向上させることができる（近代農法は、逆にグローバル技術がローカル技術を破壊させてきた面が強い）。

（1）ローカル技術・文化の創造のためのグローバル技術の導入

他方、都市のグローバル性（大規模集中化、均一性、資源多消費性、拡大志向性）に潜む脆弱性を補強するためには、各種の地域資源を生かしたローカルな技術と文化の都市への統合的導入が必要とされる。グローバル技術にローカル技術を組みこむことにより、地域の風土を生かした都市内の物質循環・再利用が増し、その生態学的な持続性が向上し、さらには地域文化のある都市が創生される。

グローバル技術の具体例であるインターネットを介したスマートフォンの利用法は、多様性、地域性、個別性に富み、世界中で新しい地域文化の形成に役立っている。これは、インターネットとスマートフォンの基本システムは世界共通（グローバル）で汎用性に富むが、その利用法と入出力情報は地域的、個人的（パーソナル）だからである。このグローバル技術のパーソナルな利用は、個人レベルでの進化・成長や地域レベルの文化の創造でも行われる。その実例はアフリカをはじめ世界中でみられる。

（2）社会のフラット化とネットワーク化

近代社会の市民は、大企業による新聞、テレビ、映画などのマスメディアに一方向的な影響を受けてきた。しかし、現代の若者社会ではマスメディアの影響力は衰退し、メディアあるいはコミュニケーションの多様化、地域化、グループ化、双方化が進行している。また、近代産業では利潤追求を目的とする大企業が社会を動かす大きな力であったが、今後は社会貢献を主目的とする社会起業家によるソーシャルビジネスが社会を動かすより大きな力となっていくだろう。この運動を担っていくのは、自動車、マイホーム、高級家具、貴金属などの物質的な豊かさよりも、地域・社会・仲間・家族との絆やそれらへの貢献を重視する若年層および高齢者層である［古在二〇一二a］。

4　情報利用の限界費用

前述の傾向を生み出す根源的理由は、情報技術利用に関する限界費用（marginal cost：一単位の価値を生み出すための総費用）がゼロに近づいていることにある［リフキン二〇一五］。ちなみに、一九七五〜二〇一五年の四〇年間で、情報処理のコストパフォーマンスは一〜一〇億倍に向上しているといわれている。現在、一〇米ドルで購入可能なタテヨコ約一*cm*、厚さ一*mm*、重さ一*g*の記憶チップ（SDカード）の記憶容量は三二ギガバイト（三二〇億英文字）で、毎秒の伝送速度は四〇〇〇万英文字である。今や、このSDカードは多様な機器に組みこまれている。これらの機能向上により、大量の動画と音声の記憶・演算・伝送が容易になった。

(1) 大量無料情報の利用とその問題点

インターネット上では、多数の高機能なアプリ(応用ソフトウェア)が無料または安価に利用できる。同時に、無料公開されている膨大なデータベースが増えつづけている。イネ、トマト、イチゴ、ヒトのゲノム(全遺伝子情報)や気象・地理・農業情報さらには学術情報全般もしかりである。ちなみに、情報の一種である遺伝子を特定するために利用されるDNAシーケンサー(DNAを構成するヌクレオチドの塩基配列を決定する装置)のコストパフォーマンスは一九八五〜二〇一五年の三〇年間で約一〇億倍に向上したといわれている。最近、価格二〇万円前後のDNAシーケンサーが市販されている。

インターネットの電脳空間には人類が獲得してきた知識が加速度的に蓄積されつづけ、その多くが公開されているが、同時に、無駄・間違い情報あるいは誤用が多く、情報保護(セキュリティ)にも問題が多い。今後、情報および遺伝子に関するグローバル・コモンズ(global commons)の構築に全関係者が参加し、情報保護に留意しつつも、その公開性、透明性、協働性、公平性を確保することが必要とされる。

（2）大型集中から小規模分散協調へ

今後の農業生産における収量や資源の利用効率は、前述の無料情報と安価で微小な高性能センサーがネットワーク化された情報通信技術＝ＩＣＴ（Information and Communication Technology）とＩｏＴ（Internet of Things：モノ・コトのインターネット）の活用によりかなり向上するだろう。情報の高度利用が普及し、情報の限界費用がゼロに近づくと、大規模・単作の利点はしだいに消失し、農地の分散化、農業の協働と水平展開が進展する。大規模農地においても一台の大型農業機械ではなく、多数の小型農業機械の分散協調作業が行われる。こうなると農業生産の社会構造が変化せざるをえない。

コンピュータ利用の世界では、すでに大型コンピュータ集中型からスマートフォン、タブレット型コンピュータなどによる知能化協調自立分散ネットワーク型に移行し、広範な水平展開が進んでいる［リフキン 二〇一五］。同様に、農業生産の現場空間（露地や園芸施設）は知能化協調自立分散ネットワーク型に移行していくだろう。

5　エネルギーの限界費用の低下

今後、エネルギーの限界費用の低下がしだいに進むと考えられる。コストと安全性・持続性の観点から、原子力・火力発電所による大型集中発電から、多様な地域資源（太陽光・水力・風力・バイオマス・地熱・廃棄物）を利用した地域型発電にしだいに移行する。熱エネルギーのカスケード型（高温から低温への段階的）利用も普及するだろう。

英国・オクスフォード大学のベン・コールデコット氏が主筆としてまとめた報告書によれば、二〇一〇～一五年の五年間で、陸地での発電コストは、風力発電で三九％、太陽光発電で四一％低下し、同期間で、再生可能エネルギーの利用比率は一〇％から一五％に増大した（日経新聞朝刊、二〇一六年五月一三日）。二〇一六年現在、自然エネルギー利用の発電コストは原子力・火力発電コストに近づき、地域によっては、前者のコストが下回っている［IREA 2015］。今後も、そのコストは低下しつづけるはずだ。

6　情報技術と製造技術の融合

情報利用とエネルギー利用の地域化が普及すれば、農業を含めて、生産業とその生産物流通の地域化が並行して進む。さらには今後、情報技術と製造技術の融合である３Ｄ（三次元）プリンタに三次元設計図を入力すると、原材料（種々の金属、プラスチック、土類など）からその立体的な製品が自動製造される［小笠原 二〇一五］。その設計図の多くと利用法はインターネット経由で無料入手できる。入手した設計図を加工してできる新たな設計図は使用後に電脳空間に公開され蓄積される。現在でも、個人用の３Ｄプリンタは五万円程度で市販され、プロ仕様でも数百万円で市販されている。

（1）３Ｄプリンタの登場とその利用場面

今後、インターネットを介してある物品の注文をすると、そのデータだけが地域の３Ｄプリンタ・ショップまたは自宅に送られ、物品はそのショップまたは自宅の３Ｄプリンタで製造されるようになるだろう。レンタル３Ｄプリンタやポータブル３Ｄプリンタも出回る。すると、３Ｄプリンタと地域資源を利用した製品のコストがともに低下する。さらには将来、３Ｄプリンタの部品の大半は３Ｄプリンタ自身が製造し、それらの部品を汎用ロボットが組み立てて３Ｄプリンタを製造するようになる。この製造法は、生物に特徴的な機能である自己増殖機能（自分と同じものを自身が増やす機能）を部分的に利用するもので、機械製造の原理と方法論を大きく変化させることになる。

（2）社会構造の変化

その結果、製造機械の個人所有・個人使用とその物品の個人生産が可能になり、生産業の地域化が進み、各種資源の限界費用の低下とともに、グローバル技術を基盤とする地域文化がさらに進展する。今でも多くの家庭に二次元プリンタが一台はあるように、３Ｄプリンタが家庭に常備されるようになる。このようにして、近代農業・近代産業とは質的に異なる現代農業、現代産業がすでに動きはじめていて、その動きは、今後の「農業構造」そして「食の文化」の変化の原動力になるだろう。さらには、都市における農村的機能（食料生産、食料コモンズ形成、都市内資源循環など）の向上が進んでいく。

7　食料生産システムの多様性と持続性［古在（監）二〇一四］

食料生産空間としての露地（田畑）と人工光型植物工場の間には、種々の資材・装置・施設、施設を利用した多様な食料生産システムが存在し、地域社会の安定性に寄与している。資材とは防風ネット・防虫ネット、灌水チューブ、マルチ（地面被覆）フィルムなどであり、装置とは養液栽培装置、灌水機器など、施設とはトンネル、ハウス、環境制御温室などである。

（1）多様なシステムに適した用途

これら多様な生物生産システムは以下の四種に大別できる。①根圏部環境の自然安定性を重視する露地。②植物体茎葉部環境の人為安定性を重視する園芸施設。③植物体根部の人為安定性を重視する養液栽培システム。④茎葉部および根部の環境の人為安定性と人為制御性を重視する人工光型植物工場、である。

基本的に、カロリー摂取を主目的とする食糧植物（staple crops：穀類、イモ類、豆類）は田畑で生産される。他方、健康機能性物質（機能性成分、色、匂い、形、食感など）の摂取・利用を目的とする園芸植物などは、施設での生産割合が高くなる。食料生産システムが多様であり、しかもそれらが共通な情報基盤を有することは、各種のリスクに対する地域の食料安全保障の向上にも重要である。

施設農業において過去に開発された技術の多くは、現在、露地農業で形を変えて利用されているように、人工光型植物工場で開発された技術の多くは、長期的には時空を超えて施設農業、露地農業、食の文化さらには生活文化の一部として利用されると考えられる。

(2) 高収量・高品質と省資源・環境保全の同時並行達成

多様な食料生産システムが、今後、水と石油資源の消費を大幅に節減し、地域エネルギーを効率よく利用し、地域の持続性を高めるには、前述の意味での情報技術と省エネルギー・自然エネルギー技術の導入が欠かせない。また、地域資源を利用した建築資材と建築に必要なエネルギーの大幅節減には、3Dプリンタに代表される次世代型産業機械の導入が欠かせない。これらの産業機械の限界費用は今後しだいにゼロに近づいていくはずである。

上述の諸技術の統合的利用により、生物生産システムに関する投入資源利用効率が向上し、その結果、高収量・高品質と省資源・環境保全が同時並行的に達成される。この原理と方法論を明快に示しているのが植物工場である［Kozai et al. 2015］。

(3) 人材育成と市民科学・地域文化の創造

大学の一流教授陣がインターネット経由で世界中に講義を無料またはきわめて安価に配信する

ＭＯＯＣ（Massive Open Online Courses）が普及していくと、教育の限界費用はゼロに近づいていくことになる。農業・農学に関する質の高いＭＯＯＣが普及すれば、世界の各地で省資源・環境保全型の農業生産性向上が実現する。

さらに、農業機械を含めた移動・作業・運搬のための機械類のシェア利用（カーシェアリングや自転車シェアリングのように）が機械類コモンズとして普及する。また、機械類・装置類の故障した部品の設計図をダウンロードして、地域または自宅において３Ｄプリンタで製造する。そうなると、地域コミュニティにおける文化創造と省資源が並行的に進展する。情報、エネルギーおよびロジスティクス（物流）が上述のように統合されたシステムが、ＩｏＴの今後の姿だといえる。

このような時代になると、農業者は、以前とは別の形で、敬称としての百姓（百の職業をこなす人）となる。そして、新しい市民科学、百姓科学、当事者科学、地域文化が創造される［古在二〇一二a］。グローバル技術のローカル技術への導入が、今後の文化（culture）と農業（culture）の創造の原動力となるのである。

8　都市住民の農業体験と食の文化［古在二〇一四b］

世界的に都市人口が増大し農村人口が減少している。食料生産の経験がなく、見聞する機会さえ少ない都市住民が形成する食の文化は、現場・現実・自然の体験から離れていかざるをえない。他方、都市の地価は高いので、広い田畑での農耕を日常的に生活圏で経験・見聞する機会はきわめて少ない。都市住民が生活圏で食料生産を模擬経験しうるのは家庭菜園、市民農園、人工光型植物工場を含む施設生産などである。そして、それらを利用する「耕す市民」が増えている。

(1) 耕す市民の増大

これら市民による食料生産には、安全、軽作業、容易な栽培、適切な情報の提供と交換などのサービスが必要とされる。そのサービス向上により、耕す市民がさらに増えていけば、市民のライフスタイルや思考方法が変化していく。この変化は都市農業の多面的機能の一つである。このムーブメントは今後の食の文化の形成を考えるうえでの一つの視点となる。さらには、「耕す市民」は食料生産の基本リテラシー(能力)を身につけることになるので、都市のインフラ機能が麻痺するなどの大災害時における市民のサバイバルに役立つ。根っからの自然愛好派には我慢ならないかもしれないが、「耕す市民」が都市の新しい文化を創造していく担い手になるだろう。

(2) 都市排出物の大半は植物生産の必須資源

もう一つの視点は、都市が排出する大量の劣化資源(CO_2・生活排水・生ごみ・排熱など)である。これらは適切な処理をすれば、植物生産の必須資源(CO_2・水・肥料・培地・熱源など)に変換される。したがって、都市内での植物生産は物質・エネルギー循環を促進することになるので、都市における石油資源消費量と劣化資源排出量が減少する。

（3）光エネルギーの調達法

植物生産には、前述の資源に加えて、大量の光エネルギーが必須である。人工光型植物工場では、この光エネルギーを、都市の夜間で余剰となる電力および自然エネルギー（太陽光・風力・水力・バイオマス・地熱）発電で、かなりの部分を今後まかなうことになる。情報・エネルギー・機械に関するグローバル技術を基盤とすれば、人工光型植物工場の普及性は高まり、地域の食の文化と地域持続性の向上に資することになる。

（4）土地、気象および土壌による制約からの脱却

田畑での農業生産性の向上を阻んでいる自然資源に関する主要因は、土地面積、気象（強風、大雨・水不足、雪・雹《ひょう》、高低温など）および土壌（塩類集積、土壌汚染など）である。以下で述べる人工光型植物工場はこれらの制約を解消する手段として、とくに人口密度が高い都市での利用が期待されている。

9　人工光型植物工場の特徴と今後の食の文化

（1）経営収支と生産コスト

二〇一六年現在、商業的な生産販売を行っている植物工場はわが国では約二〇〇であるが、黒字経営は三〇％、収支均衡経営が五〇％、赤字経営が約二〇％といわれている。ビジネスとしても技術開発としても黎明期にある現在の植物工場は、新規参入者の多くが植物栽培と栽培環境制御に関して技術的に初級段階にあることが、黒字経営比率が少ない大きな理由である。現状では、生産コストの三〇％が減価償却費、二五％が電力代金、二五％が人件費、残りの二〇％は種子・肥料・包装・流通などの諸経費である。

しかし、この数値は二〇二五年までに大きく変化し、結果的に、生産量あたりの消費電力量と人件費はそれぞれ二分の一以下になると考えられる。たとえば、今後、多用される白色ＬＥＤの発光効率は二〇一〇～二〇年の一〇年間で四～五倍になり、二〇〇lm/W（ルーメン・パー・ワット）に達すると予測されている。将来の植物工場は現状の延長からは予測できない飛躍があると考えられる。現在の栽培作業のほぼ九〇％は手作業であるが、その労働生産性は今後五年間で倍化する。生産能力あたりの初期コストも数十％は低下する。

今後の植物工場の動向は、植物工場の原理的理解に加えて、これからの市民のライフスタイルを動かしていく情報、エネルギーおよび機械装置に関する限界費用ゼロへの動きと合わせて考察する必要がある［Kozai et al. 2015］。

（2）基本要素

人工光型植物工場（以下、植物工場）の六つの基本要素は、①密閉性が高い断熱壁で囲われた構造物、②光源と養液栽培装置が設置された多段（一〇～一五段）の栽培棚、③CO_2施用装置、④養液供給装置、⑤エアコンおよび⑥これらの制御装置である。主として葉もの野菜、香草・薬草・ハーブ、小型根菜、小型花卉および各種の苗が栽培される。植物工場には、商業的生産販売用に加えて、家庭用、生涯学習用、教育用、趣味用、店舗用などがある（写真1）。

商業生産用植物工場の土地面積あたりの葉もの野菜年間生産額は、畑地のそれの二〇〇倍である（表1）。養液栽培の園芸施設と比較すると、灌水量は約五〇分の一、土地面積は約一〇分の一などとなる（表2）。

（3）特徴と利点

露地栽培・施設栽培に比較しての植物工場の特徴は、①収量、品質および生産コストが異常気象（強風、豪雨、高低温など）などに影響されない、②害虫被害がほぼ皆無で無農薬栽培（生野菜でも洗浄は不必要）、③植物体の可食部分の割合が多い、④生産作業が快適な環境下で安全である、などである。めざすことは、生産に必要な投入資源量と環境汚染物質排出量・残渣量の最小化、

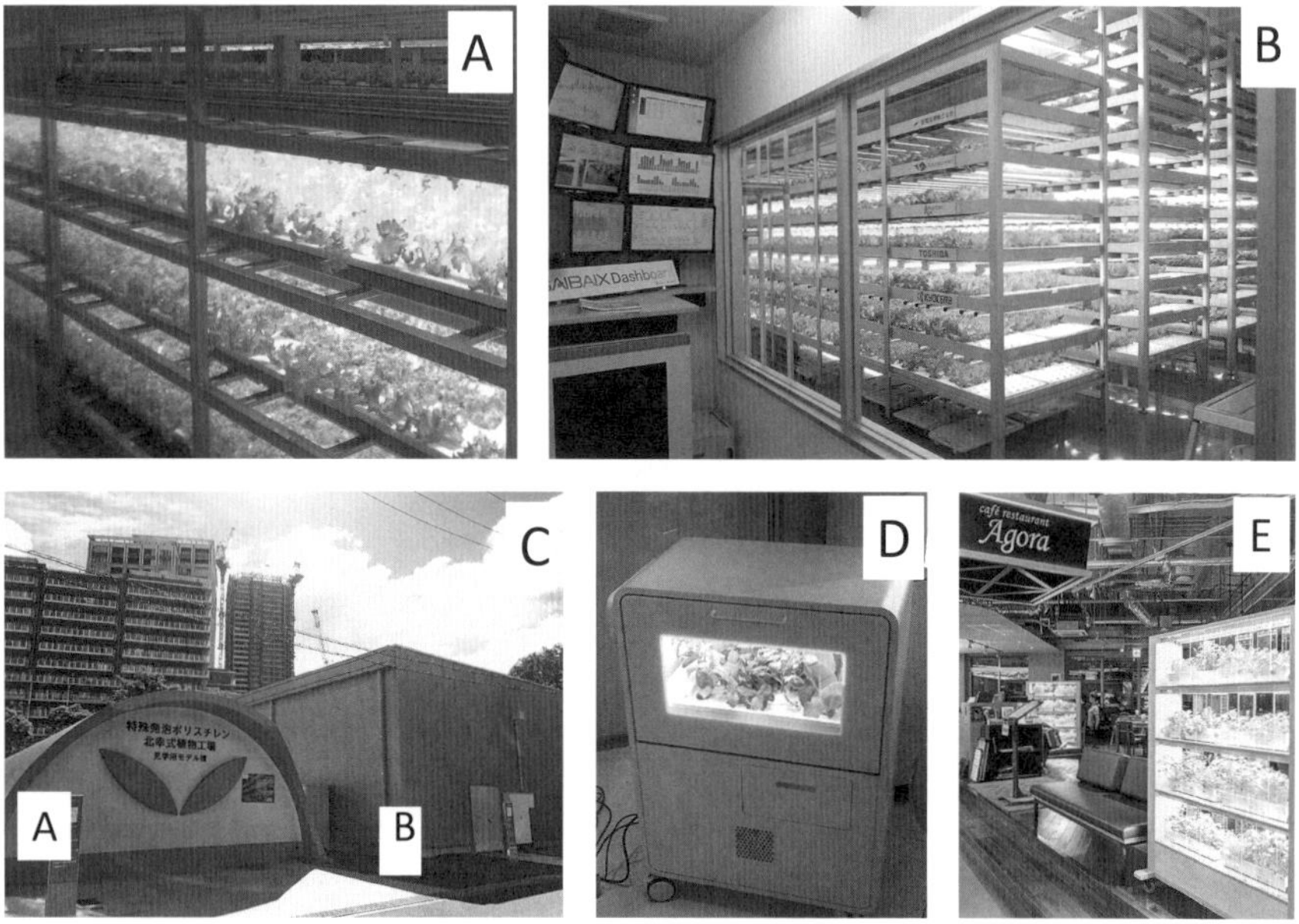

写真1　千葉大学柏の葉キャンパス内の植物工場（A, B, C, D)。A：床面積200m^2。5段3列。生産能力700株/日（90g/株）。（株）ジャパン・ドーム・ハウス。B：床面積406m^2、10段9列。生産能力3,000株/日（90g/株）。（株）レイズ、（株）プランテックス。C：植物工場Aと植物工場Bの外観。D：小中学校、家庭、生涯学習施設などで利用されることを想定した小型植物工場でインターネットに接続されている。2015年から浦安市立入船中学校で教育用に利用されているタイプの原型（パナソニックと千葉大学・原寛道氏の共同開発)。E：柏の葉キャンパス駅から徒歩3分のKOIL 6階のカフェレストランの入り口にある店舗用植物工場（千葉大学・原寛道氏とアゴラの共同開発)（写真提供：原寛道氏)。

表 1　露地型野菜生産に対する人工光型植物工場栽培室の相対的な土地生産額の概算例

番号	土地生産性増大要因	要因別生産性向上係数	累積向上係数
1	栽培棚を 15 段にすることで床面積あたり生産性を 15 倍（N 段で N 倍）。	15	15
2	環境調節により苗移植から収穫までの日数を半減。	2	30（＝15×2）
3	収穫翌日に苗定植することで、年間の栽培日数を倍化。	2	60（＝30×2）
4	栽培棚面積あたりの植物本数を、成長低下をともなわずに 1.5 倍にする。	1.5	90（＝60×1.5）
5	高低温、強風、豪雨、乾燥、病虫害による収量低下がないので、1.5 倍。	1.5	135（＝90×1.5）
6	収穫時および収穫後のロスが少なく、また、高品質である。	1.5	202（＝135×1.5）

出典：古在［2012b］より。

表 2　人工光型植物工場における生産価値あたりの必須投入資源量の園芸施設に対する節減比の例（＝植物工場投入量／園芸施設投入量）

投入資源	節減比	理由
水（灌水用）（清掃目的は含まず）	1/50	葉からの蒸散水の 95％を冷房時の結露水として回収する。
光合成促進用施用 CO_2	1/2	濃度 1,000 ppm でも、建物の密閉度が高く、室外への漏出が少ない。
光エネルギー	1/2	他の環境要因が成長に最適の時。
肥料	1/2	養液を循環利用し、排液が極小。
種子	4/5	種子発芽率と育苗時歩留りが高い。
土地面積	1/10	露地栽培に比較して 200 倍。
電気エネルギー	1,000＞	光エネルギーを得るのに必須。

出典：古在［2012b］より。

資源の内部循環、周年安定生産、生産物と作業者の安全と健康、および土地面積の制約などからの脱却、である。この目標は、遠からず、実現しうる。

植物工場の本質的な利点は、①投入資源と生産物・廃棄物の種類と量の時刻経過が正確に測定可能で、生産プロセスのトレーサビリティ（追跡管理）が高い、②環境と植物成長の因果関係が比較的単純なので、それを発見し制御しやすい、③小規模な実験結果が中規模工場、大規模工場でも適用可能、④世界中の植物工場間での栽培結果を比較しうる、⑤荒地、空き地、空き部屋の利用が可能、などである。

（4）植物工場のインターネット化と新たな枠組み

上述の利点と情報技術を組み合わせて、世界の植物工場をインターネットで結びつけ、そこで得られたデータと解析方法をオープンなプラットホームに送り［Harper and Siller 2015］、さらには前述の地域エネルギー技術と製造技術を統合するのが今後の植物工場の姿である。

将来、ある野菜を栽培したいというメッセージを上記プラットホームにある人が送信すると、近隣の住民がその種苗を分けてくれて、またその野菜の栽培法や料理法は無料でダウンロードできるようになる。そして、その経験やデータはクラウド電脳空間にアップロードできる。オープンなプラットホームに蓄積されたデータと知見は、グローバルな農業技術コモンズを形成し、省資源・環境保全型の農産物高位生産に関する技術と科学の進展を促進することになる。

(5) 市民農業と市民の農業リテラシー

農業では、従来、農業関係者が農業者・農業生産に役立つ技術の開発と利用、さらにはその社会的仕組みづくりに努めてきた。今後は、それに加えて、市民とともに行う研究開発、市民のための食料生産システム構築、すなわち、市民農業・市民農学の進展が必要となり、さらには市民農業・市民農学と職業的農業・職業者用農学との連携が重要になってくる。

以上の進展により、生物生産・食料生産さらには食料・環境・資源を統合的に理解するための基本原理をリテラシーとして身につける都市民が増えていく。そして、地産地消ならびに可能な限りの自給自足が進むと、都市民は食料生産に関してプロシューマ(prosumer:生産者かつ消費者)的素養を身につけ、二一世紀半ば以降の「食の文化」は大きく変貌するだろう。上述の時代の流れは、ポスト資本主義[広井 二〇一五]の流れとその方向性を共有する。

10 農耕文化都市の構築をめざして

二〇一一年に内閣府により環境未来都市に指定された千葉県柏市柏の葉地区は、「公民学連携による自律した都市経営」を理念として、スマートシティ、健康長寿都市、新産業創造都市をテーマにしたまちづくり開発が行われている(http://www.udck.jp/event/001762.html)。同地区のまちづくり活動拠点であるUDCK(柏の葉アーバンデザインセンター http://www.udck.jp/)は柏の葉キャンパス駅(つくばエクスプレス線)から徒歩三分の位置にあり、公民学の諸団体で構成

写真2　柏市柏の葉地区（背景写真は三井不動産提供）

され、千葉大学はその発足時からの構成メンバーである。

　同駅から徒歩数分の距離に、市民農園、屋上農園、小型植物工場付きカフェレストランがある（写真2、写真1-E）。建物の外壁と屋根には太陽光発電パネルが、その近くに風力発電施設が設置されている。徒歩二〇分の距離には、国内最大規模の植物工場がある。

　前述の動きに連動して、二〇一〇年度末に、同駅から徒歩五分の千葉大学柏の葉キャンパスにおいて、「植物工場実証・展示・研修拠点事業（農水省補助事業）」が開始され、同時に特定非営利活動法人・植物工場研究会が設置された。千葉大学と同研究会は、本稿で述べた考え方に準拠して、同地区を「農耕文化都市」に近づけるための活動を続けている［古在（監）二〇一四］。同キャンパス内の二つの植物工場では、リーフレタスを合計で毎日約三〇〇

○株、生産販売している（写真1－A、B、C）。ほかに家庭用や店舗用の植物工場が提示されている（写真1－D）。同キャンパス内には、トマト生産用の太陽光型植物工場や花卉生産用温室、果樹園、薬草園、漢方診療所（鍼灸院を含む）、農産物加工場、田畑などがあり、園芸療法や薬草生産の研究が行われている。

11　今後に向けて――植物工場と田畑の役割

前述のように、「植物工場」は将来にわたり、農産物のほんの一部を生産するにすぎない。主食用の穀類およびイモ類、さらには工芸植物の大半は、今後とも田畑で栽培される。園芸植物のほとんども畑または園芸施設で栽培される。田畑では、堆肥・有機肥料の施用などによる、絶え間ない土壌改善と化学肥料・化学農薬の可能な限りの施用量節減が必要とされる。これらの農業ではその地域の気候風土に適した技術の開発が本質的に重要である。そこにおいて、植物工場で開発された計測システムは田畑農業においても十分に応用展開が可能なはずである。その田畑農業にも、今後は、ＩＣＴやＡＩを含むグローバル技術の導入が欠かせなくなる。

田畑農業は、在来農法／有機農法／自然農法を含めて、今後とも農業の根幹をなす。従来、その思想、方法および技術体系の次世代への継承は、自然と農地・生物に対して人間の五感さらには第六感をフル活用して得た数多くの経験とその総合能力を身につけた篤農家的存在に頼らざるをえなかった。その重要性は今後とも不変であるが、今後の新規農業就業者に、篤農家と同様な感性や直感力を求めるのは現実的でない。したがって、地域の自然資源を最大限に生かし、地域文化を創造しうる田畑農業や施設農業の技術体系の進展と継承に、本稿で述べた情報・エネルギー・バイオ・物質に関するグローバル技術を利用することを否定すべきではないだろう［古在二〇一四b］。

それぞれの地域での多様な植物生産システムの存在は、その地域の持続性を向上させる上で欠かせない。他方、多様な生物生産システム（キノコ栽培、養殖など）と生物システム（堆肥化、バイオマス発電、水質浄化など）が互いに役立つ形で統合される仕組みが必要とされる。さらには、植物生産システムと他の多様なシステムや自然環境との安定的な統合が必要とされる。

今後、都市またはその近郊において、たとえば、「一〇〇*ha*の野菜畑」と「一*ha*の植物工場と九九*ha*の自然林・緑地」はどちらが市民または持続的社会の構築にとって好ましいか、といった類の関係者全体による多様な議論と科学的考察が期待される。

［追記］筆者は、二〇〇一年から千葉大学園芸学部長として環境健康フィールド科学センターの構想と設置準備にかかわり、二〇〇三年の設置後から二〇〇五年まで同センターの初代センター長を務めた。二〇〇五〜〇八年までは千葉大学長として柏の葉地区のまちづくりおよび同センターの充実にかかわった。二〇〇八年からは住民として、さらに同センター内に二〇一〇年に設置された植物工場研究会（特定非営利活動法人）理事長としてかかわっている。本稿はその間の活動を通じて学んだことに基づいて書かれている。関係者に深甚の謝意を表する。

〈引用文献〉

小笠原治　二〇一五『メイカーズ進化論』ＮＨＫ出版新書、全二一三頁。
古在豊樹　二〇〇八ａ『「幸せの種」はきっと見つかる』祥伝社、全二五七頁。
古在豊樹　二〇〇八ｂ「持続可能な社会のための科学技術の方向性」広井良典編『環境と福祉の統合』有斐閣、八三―一〇〇頁。
古在豊樹　二〇〇九「『農』を基盤とした文化・学術」『農業および園芸』八四（二）：二二五―二三一。
古在豊樹　二〇一一「育み・養生・看護――自然主義・市民科学・統合科学の視点から」『文化看護学会誌』三（二）：四五―四九。
古在豊樹　二〇一二ａ「当事者科学と市民科学――これからの看護と統合科学の関係」『日本老年看護学会誌』一一月号：一二―一七。
古在豊樹　二〇一二ｂ『人工光型植物工場』オーム社、全二二八頁。
古在豊樹　二〇一四ａ「ケアサイエンスの必要性と看護の役割」日本看護系学会協議会ホームページ http://www.jana-office.com/sympo/sympo20140301.pdf.
古在豊樹　二〇一四ｂ「都市における生鮮食料生産の多面的意義」『農業および園芸』八九（一〇）：九九四―一〇〇六。
古在豊樹　二〇一六「近代農法はどちらに向かって変わるのか?」『農業および園芸』九一（四）：四二一―四二六。
古在豊樹監修　二〇一四『図解でよくわかる植物工場のきほん』誠文堂新光社、全一五九頁。
広井良典　二〇一五『ポスト資本主義』岩波新書、全二六〇頁。

藤井美波・横張真・渡辺貴史　二〇〇二「江戸時代末期の江戸における農地の分布実態の解明」『都市計画論文集』三七：九三一-九三六。
リフキン、ジェレミー（柴田裕之訳）　二〇一五『限界費用ゼロ社会』ＮＨＫ出版、全五三一頁。
Harper, C. and M. Siller 2015 OpenAg：A Globally Distributed Network of Food Computing. *Pervasive Computing* (IEEE). 14(4)：24–27.
IREA (International Renewable Energy Agency) 2015 LCOE (Levelised Cost of Energy, IREA) http://costing.irena.org/.
Kozai, T., G. Niu and M. Takagaki 2015 *Plant Factory*：*An Indoor Vertical Farming System for Efficient Quality Food Production*. Academic Press, 405 pp.

総括　# 農のジレンマをどう乗り越えるか

江頭宏昌
Egashira Hiroaki
植物遺伝資源学

1　はじめに

今回のフォーラムのテーマは、時間的にも、空間的にも、作物生産の技術史的にも、広大無辺な内容を含んでいる。その総括といっても、私がこれまで見聞して学んだものはあまりにも乏しいが、それをふまえつつ総合討論に向けて、四つのテーマについて述べてみたい。

2　人間と植物との関係

(1) 草木塔

山形県には「草木供養塔」「草木国土悉皆成仏」などの文字が刻まれ、一般に「草木塔」と呼ばれる石碑が数多く存在している。古い草木塔は置賜地方の米沢市田沢地区に集中しており（写真1と2）、最古のものは一七八〇（安永九）年に建立されている。

やまがた草木塔ネットワーク事務局［二〇〇七］によると、建立が始まった理由は定かでない

写真１　江戸時代に建立された草木塔が集中している山形県米沢市田沢地区の風景（撮影：ともに筆者）

写真２（右下）　山形県米沢市田沢地区の草木塔の一つ（入田沢字新田下）

「草木供養塔」の文字の右には「寛政九丁巳（1797）年」と「一佛成道観見法界」の文字、左には「草木国土悉皆成仏」「八月十三日」「中道」の文字が刻まれている。入田沢村中道の人々が共同で建立したことを伝えるとともに、仏教の一節から情を持たない草木にも成仏の義があることを説いている。また右におかれた石碑には「飯豊山供養塔」と書かれている。山岳信仰との結びつきや神仏習合といったこの地域特有の宗教観もうかがわれる（米沢市教育委員会が設置した解説板より）。

が、安永二年に米沢藩の江戸屋敷が大火で焼失した後、田沢地区の御料林の木を大量に伐採したことが記録されており、その供養のために建てられたという説が有力である。

　草木塔の建立範囲は、やがて山形県全域、さらに北は岩手県から南は奈良県まで全国へと広がり、平成の現代にいたるまで建立が続いている。やまがた草木塔ネットワーク事務局［二〇〇七］によると、同年八月時点で、山形県内一四六基、県外二二基が確認されている。原田［二〇一四］は、「草木国土悉皆成仏」という言葉は、大乗仏教の大般涅槃経にある「一切衆生、悉有仏性」（すべての人は成仏できるの意）という教えが中国の道教に伝わって、草木のほか国土のような無機物にもすべて成仏できる可能性があるという思想になり、日本の天台宗の教義をはじめとして仏教宗派に影響を与えたという。

さらに興味深いのは、建立者が村の庶民だということである。庶民に「草木国土悉皆成仏」の意味を伝えたのは里山伏ではないかといわれている［大友 二〇〇七］。里山伏は今も活躍しているが、修験道の修行時以外は里で村の人と一緒に生活して、ときに祈禱などを行う人である。大友氏はまた羽黒修験のことわざ「道は笠ほど」という言葉を紹介している。修験者が深い山にこもって修行する時は必然的に枝を切って道を拓かざるをえないが、笠幅以上に切るな、つまり草木といえども命があるのだから、草木を理由なく伐ってはならないという戒めを意味する言葉だと説明し、大友氏は草木の命の重みを実践的に理解していた里山伏こそが建立のきっかけをつくったのではないかと推察している。

科学技術が発達した現代において、作物は衣食住などの資材を生み出す人間の道具であり、そんな草木は供養したり感謝する対象ではないと考える人もいるかもしれない。ではなぜ現在も全国的に草木塔が増えつづけているのだろう。これはひょっとすると、仏教とは無関係に、日本人、いや人間が根底にもっている自然観ではないだろうか。

植物の緑を見たときに感じる安らいだ気持ちを思い起こせば、植物は人間にとって有り難い存在であることを、誰もが自然に実感できるだろう。まして命ある木を伐って家を建てたり、野草や作物を収穫して食べることに人びとが供養と感謝の気持ちを抱くことは不自然ではない。有機栽培や自然農法の実践者と話をしていると、作物だけでなく生き物全般へのまなざしに草木塔に通じるものを感じることがある。

(2) 野生植物の採集はなぜ今も行われているのか?

本フォーラム開催前の打ち合わせ会議で、「現代において栽培について考える意味はわかるけれど、採集を考える意味はどこにあるのか?」という問いかけがあった。

なるほど都市生活において狩猟採集という生業は無縁の存在だろう。しかし少しふり返ってみると、一月には七草粥、春になればフキノトウを食べたいとか、ヨモギを摘んで草餅を作りたい、お月見のときはススキを入手したいと思う人は少なくないだろう。

それでは改めて、採集はなぜ行われるのか?

この疑問には、すでに第Ⅱ部の野本氏や落合氏が一部答えてくださっている。一言でいえば、野生植物には作物に代えがたい用途があるということである。野本氏は苦みをもつトコロを例に、雪国の人びとが冬ごもりを余儀なくされる生活のなかで、その便秘解消力が健康を維持する上で欠かせないこと、口中刺激と清涼感が嗜好品的に利用されてきたことを重要な理由としてあげている。さらにトコロは儀礼や年中行事、救荒作物にも必要だったという。落合氏はラオスの野生植物には、作物にない独特の多様な味があって、それが副食に味のアクセントや季節感を添える役割をもたらすとしている。

野本氏のもう一つの重要な指摘は、採集される植物の種類である。クリ、シイ、トチなどの堅果類やクズ、ワラビなどの根塊類、いわば主食系の採集はほぼ消滅した。一方、採集が続いている植物は、副食や薬効が期待される嗜好食系だという指摘である。

私の研究室の二〇一五年度四年生、土田弘夏さんは卒業研究において山形県鶴岡市内の五カ所の直売所で一年間に販売される山菜の種類を調査し、四月から七月を中心に一六科四〇種もの多様な山菜が販売されていることを明らかにした。ちなみに東京卸売市場が二〇一五年に一年間に取り扱った野菜の品目数が一四四種類であったことを考えても少ない数ではないことがわかる。四〇種類のうちユリ根以外はすべて野本氏のいう嗜好食系の山菜であった。

野生植物が食料の保険として役立つこともある。山形県高畠町食文化研究会代表の島津憲一氏の話［山形県置賜総合支庁 二〇一三］では、東日本大震災の六日後、宮城県七ヶ宿町湯原地区に住む高齢の一人暮らしの方々の安否確認に訪問したところ、電気や水道が止まっても、山菜を採集して保存したものが大量にあり、暖房も薪ストーブ、水も山から引いているので、お米がなくならない限りはふだんの生活とまったく変わらないと言われ、食べものを公民館に持ち寄って和気あいあいと暮らしておられたという。逆に神奈川県に住む息子夫婦からは、物流が止まって菓子以外の食べものが買えないので、お米を送ってほしいといわれたとのこと。このように採集を含めた自然に寄り添うライフスタイルは、都会生活にはない頑強性をもつ一面がある。

冷害、旱魃、水害が五〇回以上も起こった江戸時代はどれほど困難を極めただろうか。一七八三（天明三）年の大飢饉のことを書いた「悪作付書記」［一七八五］という文書（山形県鶴岡市郷土資料館保存）がある。そこには南部藩と津軽藩の惨状について、前年から凶作が続いて何万人もの人びとが都へ逃れようとしたが、道中本当に万物絶えて牛・馬・猫・いぬなどまでも食い尽くして、海藻・昆布類しか食べられなかったので、路中の餓死者は一日に何十人にも及んだという痛ましい記述が残っている。

山形県米沢藩では上杉鷹山公の時代、最古の草木塔が建立されて間もない時期、まさに天明三年の大飢饉の年に、衆医が、野生植物の乱食による害、たとえば有害な植物や食べ合わせによる害から民衆を守るために「飯粮集」という野生植物の食べ方を指南した書物を編纂した。さらに一八〇二（享和二）年には鷹山公の命により『かてもの』が刊行され領民に頒布されている。[1]『かてもの』には約八〇種の草木果実の食べ方、日頃から凶作に備えて作付けすべき作物、干して保存すべき野草や作物、味噌の製法などについて付記されている。私が二〇一二年一二月に高畠町の直売所を二、三軒訪ねたところ、干し物または塩蔵物が、山菜一四種類、野菜一四種類、キノコ四種類、合計三二種類売られていた。旧米沢藩の置賜地方ではこうした保存食を、一年中利用する食文化が受け継がれている［山形県置賜総合支庁二〇一三］。

（3）栽培化（ドメスティケーション）とは何か

近年、いくつかの山菜が栽培されるようになった。野本氏は大量の需要があるゼンマイが産地住民の高齢化で採集から栽培へ移行しつつあると述べた。山形で一部栽培されるようになった山菜は、「月山筍」の別名を持つネマガリタケの筍である。月山筍は市場価格が高い（上物だとキロあたり四〇〇〇円程度である）ことも栽培化への積極的な動機になっていると考えられる。低地での栽培は収穫時期を早める（四～五月になる）ので、月山山麓の天然物の時期六～七月とは競合せず出荷期間の長期化に一役買っている。フキ（ふきのとう）も春を告げる山菜として首都圏や関西圏で人気が高く、高値で取引されている。二〇〇四年三月に山形県庄内町（旧立川町）立谷沢で野生のふきのとうを採集し農協を通じて県外に出荷する現場を取材したことがある。まだ雪が一*m*近く積もっていたが、雪の下からふきのとうを掘り出すと、みずみずしく生で食べても苦味が軟らかくおいしかった。数年前に同じ農家を訪ねると、高齢のため雪下からの採集はやめていた。山形県最上産地研究室は二〇〇三年に地元の野生フキの地下茎を集めて商品性の高い系統を選び、二〇一〇年「春音」と名づけて品種登録した。それを機に県内にふきのとうの商業栽培が拡大している。

山形ではほかにも、野生の植物を里の畑に持ってきて栽培を始めた例がいくつもあるが、いずれも嗜好食系の植物である。アサツキ、クサソテツ（アオコゴミ）、ワラビ、オカヒジキ、ウド、タラノキ（たらのめ）、ギョウジャニンニク、ヤマブドウ、アケビ、アマドコロなどである。

一方、栽培に移行しないものもある。一つは栽培上の問題である。カタクリ、シオデなどは、種子から収穫まで七年以上の栽培管理を要するためである。それでも、ギョウジャニンニクのように市場価値が認められたものは栽培に移行することもある。二つ目には調理上の問題である。アク抜きなど下処理に手間がかかるものには市場価値がつきにくい。近年の山菜の栽培化には、市場価値の高低が強く関連しているように思われる。

ところで、野生の植物を畑に持ってきて今栽培を始めても、これを栽培化（ドメスティケーション）とよべるのだろうか？　野生植物は長年人間の関与を受けると栽培化症候（山口氏の論考を参照）とよばれる形質をもつようになることがあり、一般的にはそれをもつようになった集団を栽培化されたと判断することが多い。最近栽培されはじめた植物は栽培年数が浅く、遺伝的な変化は起こっていない可能性もある。しかし山口氏は栽培種か野生種かの程度は利用する人間の植物へのかかわりの深さで決まると述べた。山口氏はまた植物が自生能力を保ったまま人間に利用されるような、野生と栽培の間の状態を「半栽培」とよんだ。

山形県庄内地方に野良大根とよばれる野生のダイコンがある［青葉 一九七六］。ハマダイコンの一種と考えられているが、しばしば根部が大きく肥大するものもあることから、過去から現在までの栽培ダイコンが自然交雑しながら自生している可能性もある。自生地は、カキ畑周辺や水田の土手、河川や用水路沿いなど。花が咲く五月上旬は白から紫色の花が咲き乱れて美しい風景をつくる。八〇歳以上の高齢者に聞くと、しばしばその根部を掘って味噌漬けにしたり、汁の実などに利用したりしたという。近年、地域の特産品作りにも利用された。一つは山形県の庄内たがわ農協藤島支所の山菜部会が藤島地区内から採集・選抜し、一九九二年に商標名「ピリカリ大根」を育成したというもので、辛味大根として首都圏のそば屋に出荷されている。二つ目は、鶴岡市藤島庁舎が二〇〇三年に藤島地域から野良大根を集め、約一〇年をかけて全体が白色の「藤島大根」と、首が赤紫色に着色する「藤島赤頭大根」を育成した。このような野良大根は「半栽培」の好例であろう。

山形県小国町にはヒッチェカブとよばれる野生のカブが自生している。「ヒッチェ」の意味は地元でも不明のようだが、種々の理由から「勝手に生えてくる」の意と推測している。地元の古老は、昔は春にとう立ちしてきた花のつぼみを折りとって、おひたしや、ゆでて刻んでご飯と混ぜて食べたという。青葉［一九七六］は、小国町はわが国最大のカブの自生地だと記したが、現在、ヒッチェカブを食べる文化はなくなり、若い世代が知ることはほとんどなくなった。約一〇年前、同地の農家から除草剤をまいても駆除できない雑草だと聞いた。現在、ヒッチェカブは、米坂線の線路わきの小さな一カ所と一軒の農家の畑に自生するのみになってしまった。ヒッチェカブはもはや春の風物詩ではなく、畑に侵入する無用な雑草となり「半栽培」の関係は限りなく失われてしまったかのように思える。

3　近代農法と在来農法

（1）在来農法と近代農法をどう定義するか

今回のフォーラムのキーワード「在来農法」や「近代農法」は、農学分野でしばしば用いられるのに、意外にも明確な定義がなかったことに気づいた。たとえば、「近代農法」の「近代」一つとっても、私自身は、農業の近代化というのは石油資源を活用するようになった戦後をイメージしていたが、ある人は第一次世界大戦以降くらい、別の人は江戸時代から近代は始まっていたととらえる人もいて、議論は混迷を極めた。そこで第二回のセッションの発表と関連の議論を参考にして、「在来農法」と「近代農法」の定義を次のように考えてみた。

まず「在来農法」の「在来」は、ある地域に元々あった、または人の世代を超えて伝えられてきた物や事を意味し、「在来農法」とはある地域における自然条件や資源[2]や経験知[3,4]を活用して、衣食住薬など生活に必要な資材を獲得するためのシステムという意味で用いることにした。

一方、「近代農法」の「近代」は実験科学に基づく知識や技術が蓄積されるようになった時代以降をさすことにし、その始まりはヨーロッパではおよそ一八世紀以降、日本ではおよそ一九世紀以降とした。ただし近代に続く現代との境界を引くのは困難だったため、そこには曖昧性を残した。「近代農法」とは、実験科学に基づく知識と技術[4]、地域内外の資源[2]を投入し、生産の拡大と安定をめざしてきた農産物獲得システムという意味で用いることにした。

(2) 農のジレンマ

「近代農法」と「在来農法」の間には、しばしば互いに違和感や対立が生じる。それはなぜなのだろうか。秋津氏は、農本的農業思想(APA)と産業的農業思想(IPA)を紹介し、「近代農法」がその両方に支えられてきたと述べた。私なりに解釈すると、「在来農法」は基本的にAPAの思想に基づくが、その後の「近代農法」では元々あったAPAの上にIPAが加わり、APAとIPAが二極併存しつつもIPAが近年まで台頭してきたと考える。ジレンマが生じるのは、それら農法がめざす考え方や対象が互いに異なるからではなかろうか。

つまり「近代農法」がめざす考え方は、作物の生産効率(単位面積あたり、単位労働時間あたりの生産量)および経済効率を高めることである。また田畑を作物の生産工場としてとらえる傾向があり、そこで生産物とみなすのは基本的に作物だけである。生産物は換金が目的なので、さらなる生産拡大と需要拡大をめざすことになる。

一方、「在来農法」でめざす考え方は、人が生きるのに必要な資材(衣・食・住・薬など)を不足なく育むことである。「在来農法」で人が意識を向ける対象は作物だけでなく、田畑やその周辺に生息する地域の生きもののほか、水や土、景観など全般に及ぶ。落合氏が紹介したラオスの在来農法に限らず、日本のかつての水田稲作においてもたとえば田んぼでタニシやドジョウを捕獲したり、畦に自生するセリなどの野生植物を採集して食用にしたり、畦草を刈って美しい農村景観を保ったりすることが行われてきた。生産物は主に自給用に消費される。消費人口が増えないかぎりは、生産量に大きな変化はない。

「農と自然の研究所」代表の宇根豊氏は、著書『国民のための百姓学』の中で、近代化が日本の農業の現場に大きな価値観の転換をもたらしたのは昭和四〇年前後であるとし、「農はカネにならないものも生産してきた」という「まなざし」を武器にして、ねじ曲げられた農の「常識」をもう一度作り直したいという。また科学や近代化を根本的に否定しているわけではなく、経験や感性をより重視しながら、近代化してはならないものを守るための論理を提示したいと主張している。私もこの主張にこそ、ジレンマを乗り越えるヒントがあるように思えてならない。

ちなみに宇根氏は、「虫見板」を開発して一九八〇年代に減農薬運動の端緒を作ったことで有名である。「虫見板」というのは、黒い下敷きのようなプラスチックの板で、イネに付く複数の虫の絵が示されたものである。そこにイネをたたいて落ちてきた虫の種類と数を確認することで、農薬をまくかどうかを自分で判断するための道具である。一九七〇、八〇年代といえば、全国の農業改良普及所が指導する防除暦に従って地域一斉に農薬を散布するのが当たり前だった。害虫の有無や数が問題ではなく、その時期に増える可能性がある病害虫に対して予防的に地域防除が行われていたのである。また当時、自分の栽培するイネにどんな虫がいて、どれが害虫で益虫なのかわからない農家が多かった。地域防除をするかぎり、虫のことなど知る必要がなかったのである。「虫見板」の普及は、自分の田んぼの中にどんな虫がいてどんな状態にあるのかを農家自身が知り、農薬をまくかどうかを自分で判断できるようにする画期的な効果をもたらした。

当時、虫見板を使うようになった農家のコメントに、「見回りは大変になったけど、米作りが楽しくなった」という声があったのを覚えている。

「近代農法」の一技術、農薬が導入されると、農家は作物以外の生きものを見る必要がなくなったのである。しかし、減農薬運動をきっかけに農家は自分の田んぼにイネ以外の生きものがいることを再発見したのである。最新技術の導入によって、ともすれば人間と生きものとの関係は乖離してしまうことがある。しかし、工夫次第でその関係を取り戻すことができるという一つの例である。

その一方で、「近代農法」が果たしてきた役割も、改めて確認しておきたい。「近代農法」における技術的進歩のおかげで、作物の生産性は飛躍的に向上し、私たちは戦後間もない頃まで続いた飢えの恐怖から解放され、安定した豊かな暮らしを享受できるようになった。一方で大澤氏も指摘しているように、就農人口の減少は悩ましい問題である。一九九〇年には四八〇万人いた就農者が、わずか二五年後の現在、二〇〇万人を割りこんで一九二万人になった〔農林水産省 二〇一六〕。新規就農人口が大幅に減少し、農業者の高齢化がいっそう進んでいる。高齢者でもなんとか農業を続けることができているのは、田おこし、代かき、田植え、収穫など一連の作業が機械化され、除草剤によって除草作業が圧倒的に楽になった側面も大きい。

(3)「在来品種」と「近代品種」

大澤氏が述べた近代育種によって育成された「近代品種」が社会に果たしてきた役割も大きい。近代品種とは、優秀性と永続性（永続的に同じ形質をもつ個体が増殖できること）に加えて、外観も味も生育についても「斉一性」（よく揃う性質）をもつ個体群を産業的に増殖して育成し、種苗登録された品種のことである。純系分離[5]によって育成された純系品種、さし木や組織培養などで増殖したクローン品種、雑種強勢を利用したF_1品種[6]などがある。遺伝的な「斉一性」を備える点が在来品種と大きく異なる点であり、生産効率、経済効率を高める要因になっている。

「斉一性」は生産、流通、販売上、きわめて重要な特性である。草丈、生育スピード（播種から収穫までの日数）がきれいに揃うことで、施肥や除草などの栽培管理や収穫作業が容易になり、機械化は斉一性がなければ成り立たないものである。もし田んぼのイネの熟期が個体ごとに大きく違っていたら、個体ごとに手刈りで収穫せざるをえなくなる。また収穫物の形や大きさが揃うことで、市場出荷の規格選別が容易になり、規格外のロスも少なくなる。味や品質の揃いは、消費者にも購入商品の当たり外れが少なくなる効用がある。このように近代品種は最小の手間とコストで最大の収穫量、品質、市場価値が得られるように改良が施されてきたものである。

ただし、揃いをよくすることは、病害虫や環境ストレスに対する抵抗性も同様の反応を示すようにすることでもあり、大規模に栽培するほどその被害が甚大になるリスクが大きくなる。そのため病害虫に対しては農薬に依存せざるをえなくなる一面もある。

一方、「在来品種」とは、ある地域で、ある作物の栽培と自家採種を、長年月繰り返された結果、栽培・利用上の特徴が、他と明確に区別できるようになった個体群（品種）のことである。つまり、ある土地で自家採種を繰り返すと、採種者の感性で種子親が選ばれ（人為選抜され）、風土条件に合わない個体は自然淘汰されることによって、一定の形質をもった集団が成立する。在来品種は、同品種でも農家間で、同品種・同農家でも個体間で、色形や大きさ、味に多少違いが見られることがある。違いがあっても利用者がそういうものだと思えば問題は生じない。食べものといえど、生きものである。人間の同じ家族や社会でも一人ずつ個性が違うように、本来生きものは多様性をもつのが自然ではないかという考え方もできる。集団内の遺伝的な多様性が高ければ、病害虫や環境ストレスを受けても、全滅するリスクから免れやすくなる。

4　植物資源の保存と継承

(1) 栽培植物の種類の減少

山口［二〇一〇］によると、地球上の植物種は約三〇万種あり、そのうち食用として利用されたのは約一万種、食用や工芸繊維用（工業用）に積極的に栽培され人為的に栽培される作物は三〇〇種ほどであるという。

さらに国連食糧農業機関（ＦＡＯ）が公表している世界の作物生産量に関する統計データFAOSTAT（http://faostat3.fao.org/download/Q/QC/E）を一九六一年から二〇一一年の五〇年を

二〇年ごとに集計してみると（図１）、作物生産量は二五・一億tから八一・九億tへと約三・三倍になったが、その約七〇％前後を上位わずか一〇種類の作物が占め、上位二〇種類までが約八〇％を占めている。こうしたごく少数の作物に食料を依存する傾向はこの五〇年間、ほとんど変化していない。穀物生産量はこの間、八・八億tから二五・八億tへ二・九倍になったが、その増加は頭打ちの傾向にある。ちなみに二〇一一年の生産量上位一〇品目は、多い順にサトウキビ、トウモロコシ、水稲、コムギ、ジャガイモ、テンサイ、ダイズ、キャッサバ、アブラヤシ（パーム油）、トマトである。アブラヤシとトマトは近年一〇年間のうちに増加してきたもので、以前はサツマイモとオオムギが上位一〇品目に入っていた。サツマイモもオオムギも環境ストレスに強い主食系の作物であるが、それが減少して代わりに商品価値の高い加工食品の原料となるアブラヤシとトマトの生産が増加していることは注目に値する。

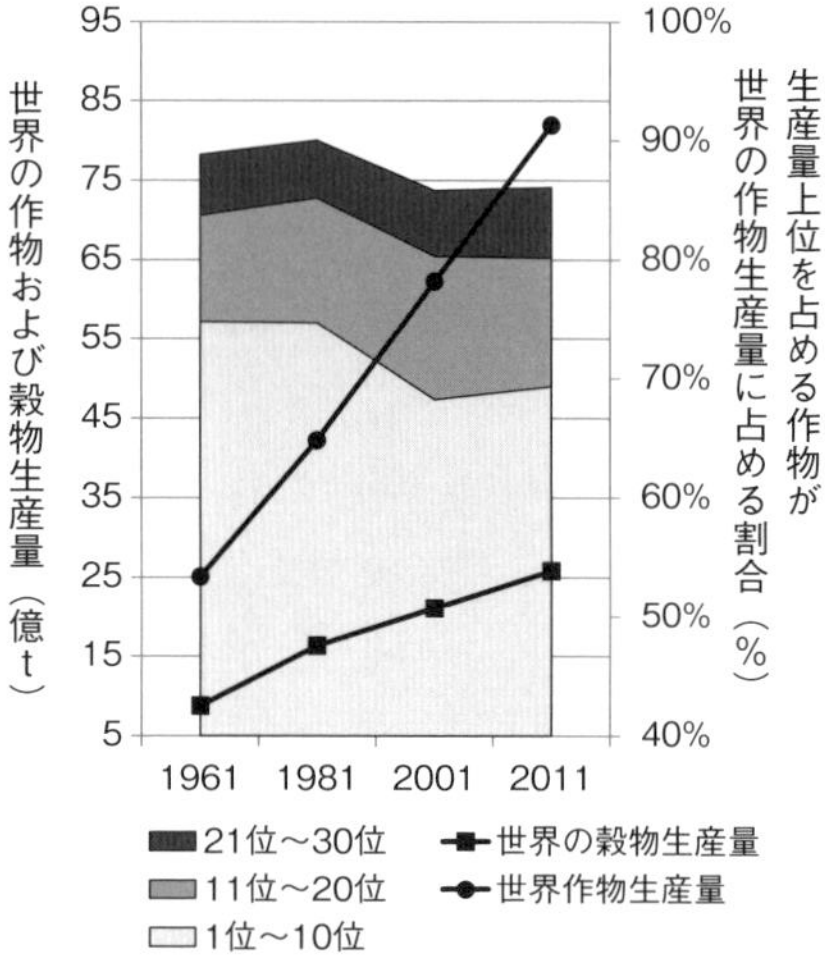

図１　世界の総作物生産量、穀物生産量および生産量が１位から30位までの作物が総生産量に占める割合

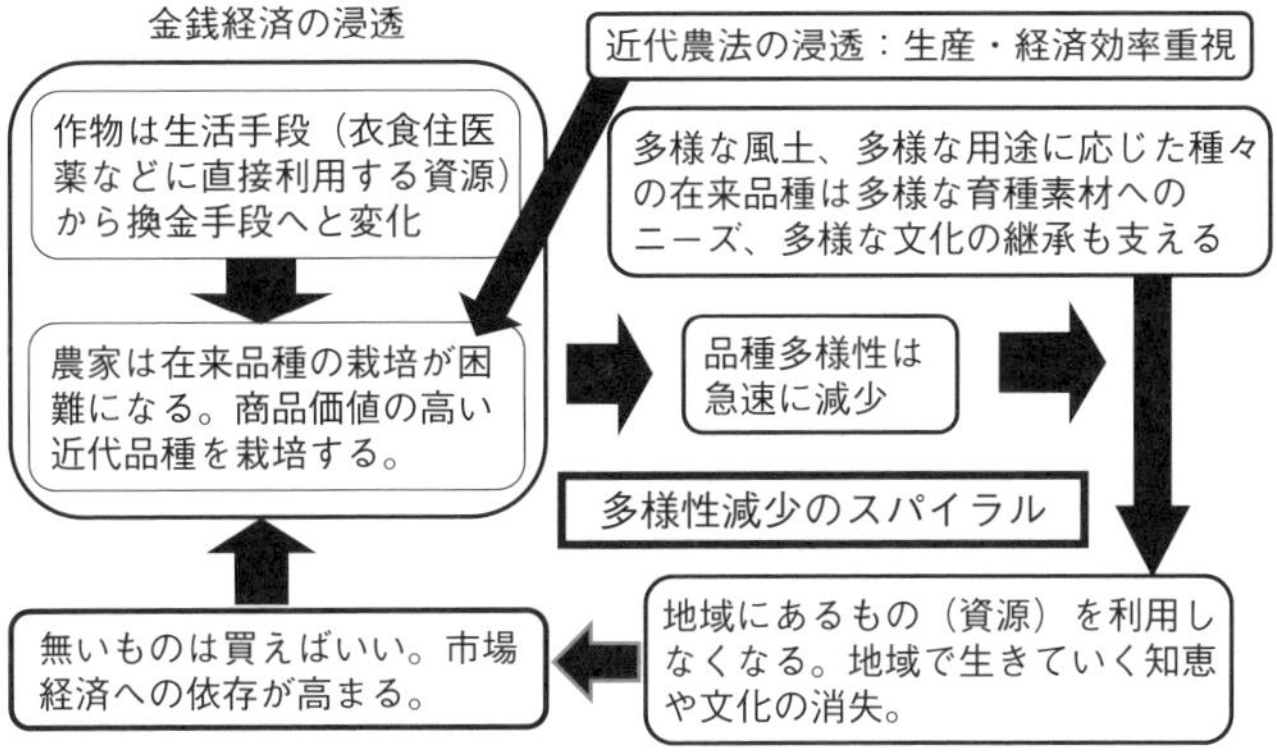

図２　近代農法や金銭経済の浸透によって品種の多様性が減少する流れ

このように人間が利用する作物の種類はきわめて限られているが、一つの作物のなかで利用される品種も減少している。とくに減少が著しいのは在来品種で、優秀な近代品種が登場すると急速にそれに置き換わる。これを遺伝的侵食といいＦＡＯも警鐘を鳴らしている。その報告［FAO 2014］によると、米国において一八〇四～一九〇四年の一〇〇年間にリンゴ七〇九八品種のうち九六％が消失した。またキャベツの九五％、トウモロコシの九一％、エンドウマメの九四％、トマトの八一％が消失したと報告している。さらに、メキシコでは一九三〇年代に報告されたトウモロコシ品種の約八〇％が消失し、中国で一九四九年に約一万種類利用されていたコムギ品種が一九七〇年代には約一〇〇〇品種しか残っていなかった。このように二〇世紀までに世界各地の在来品種の八〇～九〇％が消失した可能性がある。

こうした状況は、大澤氏がわが国の水稲品種の八〇％がコシヒカリあるいはそれに由来する一〇品種と述べた状態と類似している。一九七六年に山形県の野菜の在来品種が七五種類だったのに対し、二〇〇七年には三四種類（約四五％）になった事例もある［江頭 二〇〇九］。近代農法や金銭経済の普及によって、なぜ品種多様性が減少するのかを示す模式図を図2に示した。

作物や品種の多様性の減少がなぜ問題なのか、またなぜ多様性が大切なのか。筆者は、作物多様性がもつ機能として、①生産の安定、②生産性・経済性の向上、③生活文化の豊かさの向上をあげている［江頭 二〇一〇］。なお②は将来予測できないニーズに応える新品種を生み出すための育種素材として作物や品種の多様性が重要だという意味である。

（2） 在来品種を栽培・継承する意味を考える

私は学生時代と山形大学農学部に就職してからの計一三年間、イネやトマトの育種研究に若干かかわり、いわば近代農法の技術を支える研究を行っていた。しかし、山形大学の元教授で野菜の在来品種研究の先駆者でもあった青葉高氏の著書『日本の野菜』にある「在来品種は生きた文化財」という言葉に触発されたのを機に、二〇〇一年頃から研究テーマを変え、山形県内の在来品種の保存と継承を考えるようになった。なお「生きた文化財」の「生きた」には、一度消えると二度と同じものを復活できない生きものであるという意味、「文化財」には、その存在で来歴や文化を次代に伝えられるという意味がこめられている。

私が現地調査を始めた頃は、一部の第三者から金にもならん、古くさいものを、なんで今さら調べたりするんだ？　とよく言われたものである。在来品種は収量が少ない、病気に弱い、キュウリなどは収穫して三日でしなびてしまうほど日持ちが悪い、苦み、えぐみ、強い香りがあるなど独特の風味をもつものも多いので、万人受けしない。そうした数々のデメリットを抱えながらしだいに栽培されなくなった作物なので、そういわれてもしかたがない面はある。でもなぜ儲からない在来品種を今まで栽培してきたのか。栽培者から一番多く返ってきた理由は、おいしいからであった［江頭 二〇〇九］。子どもの頃から慣れ親しんできた味だから、自分も食べたいが、家族や日頃お世話になっている人にお福分けすると喜んでくれるからというものであった。二つ目に多かった理由は、先祖代々伝わってきた種子を自分の代で無くすのは先祖に申し訳ないという気持ちであった。現代社会で最優先される生産効率や経済効率とはまったく異なる価値観で、在来品種が守られ継承されてきた事実を知って軽いショックを受けた。在来品種が消えるということは、こうした価値観も消えることだと気づいた時、黙々と種子を守ってきた農家の想いを記録し、広く伝えるべきだと思うようになったのである。在来品種を調査しはじめた経緯やその後の取り組みについての詳細は江頭［二〇一二］にゆずる。

ここ一五年ほどで、在来品種を取り巻く環境は大いに変わった。今や在来品種や伝統野菜に価値がないと考える人は減り、むしろ積極的に関心をもつ人が増えた。山形県鶴岡市は二〇一四年にユネスコが世界で展開している文化創造都市ネットワークの食文化部門に日本で初めて登録さ

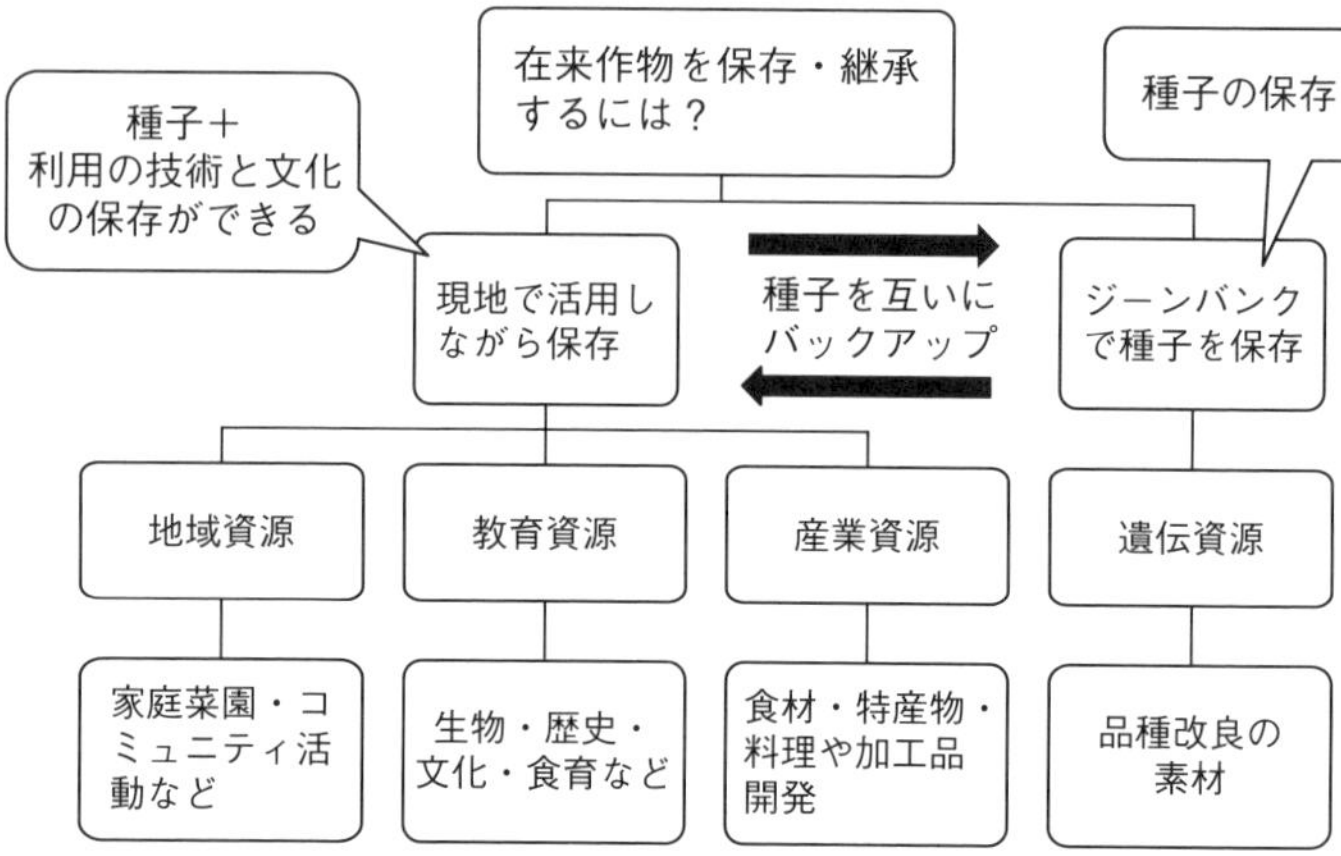

図3　在来品種の保存と活用の方法

れた。つまり食文化創造都市の一つとして認知された。その理由の一つに、焼畑で栽培されるカブ四種類を含め五〇種類以上の在来野菜が存在し今も市民の食生活のなかに生きていることも評価されたとのこと。関係者からそう聞いて時代は変わったと驚いたものである。

　近年少し落ち着いてきた感はあるが、北海道から沖縄まで全国の都道府県で在来品種を地域資源として掘り起こし、地元の人が誇りをもって多面的に活用する動きが活発化した。その担い手は国や自治体、農家、農協、市場・流通関係者、種々の教育機関、レストラン・料亭・旅館などの料理提供者、スローフード関係団体、野菜ソムリエ、民間のシードバンクなどじつに多岐にわたる。

　改めて今、在来品種を栽培・継承する意義は何か？　これまで日本各地の在来品種の使われ方を見てきた結論をまとめると、遺伝資源、地域資源、教育資源、産業資源という四つの資源として役立つことである（図3）。それらは保存方法と同時に考える必要がある。

種子や種苗だけを保存するのであれば、つくば市にある農業生物資源研究所ジーンバンクに代表される遺伝子銀行に集約して保存する方法がある。そこに何万点もの種子が保存されていると、品種改良や研究に必要な素材を一度に調べて利用しやすくなる、つまり「遺伝資源」として活用しやすくなるメリットがある。また現地で消失してしまった伝統野菜でもそこに種子が保存されていたおかげで復活した例もある（江戸東京伝統野菜の寺島ナスなど）。デメリットとしては、種子は何年かに一度、採種し直さないと発芽能力を失うので、何万点という種子を維持するには、コストと人手がかかること、また地震などの大規模災害に見舞われると大量の種子が一度に消失する危険もある。

それらを防ぐには、在来品種が育まれた現地でも同時に栽培・活用しながら保存することが望ましい。また在来品種には歴史や文化や知恵が伝承されているケースが多いが、これらをジーンバンクで保存することは困難であり、現地でこそ継承していく価値がある。

地域の歴史や文化を象徴する在来品種を用い、その本質的特徴を生かしつつ現代の価値観に合うようにアレンジされた新たな料理や加工品は「産業資源」として役立つ。観光地のレストランや直売所では、観光資源としても役立つ。もし経済的利用が困難であれば、地域の歴史や文化を次世代に伝える「教育資源」として、つまり伝統的な栽培から食べ方までを学ぶ地域固有の食農教育の教材として、学校教育や学外教育で利用できる。さらに家庭菜園、公民館活動、異業種交流活動などに役立つ「地域資源」にもなる。

(3) 在来品種の継承を通して採種文化の見直しを

「食べるナスから種子は採れるんですか」。これはある農家の若いお母さんから受けた質問である。初めは質問の意味がわからなかったが、よく聞いてみると、どうやら野菜の採種経験がないとのことであった。今、日本の農家において野菜の種子は種苗店で買ってくるのが当たり前で、農業現場から採種の技術と文化が消滅しようとしているのである。それは戦後、野菜のF_1品種化が進んだことと関係がある。戦前の在来品種は固定種ともいい、何世代自家採種しても親世代と同様の形質をもつ種子を得ることができた。しかしF_1品種から採種すると次世代は個体ごとに形質がバラバラに分離してしまう。販売用に揃いのよい生産物を得るためには、毎年F_1種子を購入せざるをえなくなった。そうして自家採種の文化は衰退したが、農産物を大量に生産・流通させるのに便利な斉一性を求めてきたのは種苗会社というより、社会的要請である。今も社会はより高度な斉一性を求めつづけている。

ところで自家採種の効用とは何か？　それを一言でいうなら自然の摂理を体感できることにある。現在、作物は人間と共生関係にある生きものというよりは、一定期間の管理で生産物を得るための道具になっている。たとえばキュウリであれば、種子をまいて果実がなるまで育てるのだが、自家採種のためには果実を全部収穫して終わりにはしない。一部の果実を採種用につるに残しておき、その果実から来年まくための種子を採るのである。作物の種子から種子までの一生を毎年見届けるわけである。簡単そうに思えるが、どの個体、どの果実から種子を採るか、それを見極める目をもっていないと、二、三年もしないうちに最初の世代とは異なり生命力や果実が貧弱なものしか得られなくなることがある。たとえば鹿児島県には一〇kg以上にもなるダイコン在来品種「桜島大根」がある。この採種を行っている農家は大きなダイコンばかりを集めて採種を行うと、大きな桜島大根を維持できないことを知っている。畑のなかにオデコンとよばれる生育旺盛なダイコンとメデコンとよばれる華奢なダイコンがあるので、それらを混ぜて（相互交配する環境をつくって）採種して初めて立派な大根が維持されること、それが雑種強勢という遺伝的な働きによることを鹿児島県農業開発総合センターの方からうかがった。こうした在野の採種技術の多くは、今も人知れず消滅しつつあると考えられる。

先祖代々の立派な在来品種を長年維持している農家はたいてい口には出さないが、気持ちのよい自尊心にあふれている。ときに自家採種してきた作物が「かわいい」という表現をすることもある。長崎県雲仙市在住で自家採種しながら有機農業を営んでいる岩崎政利さんの畑を訪れると、タカナもダイコンもカブも、さまざまな品種がどれも個性的で生き生きしているように見える。岩崎さんが二五年前に中国から視察に来た人にもらったという紅芯大根の種子は当初、播いてみても育ったダイコンに割れが入り、うまく育たなかったという。ところが根気よく自家採種を繰り返していると、一五年目くらいからよいものがとれるようになったそうである。こういうことを研究者は土地に「順化した」というが、岩崎さんは赤ちゃんを抱っこするかのように「種をあやす」と表現する。

私たちが食べている野菜の種子の多くは、種苗会社が採種条件のよい海外で採種したものである。もし何らかの事情で種苗会社が種子を供給できなくなったら、自家採種の方法を忘れた私たちは野菜を食べることが難しくなるかもしれない。食料の自立ということを、自家採種の文化の復活から考えるべき時期にあるのかもしれない。

5　農の未来像へのヒントを求めて

(1) 植物工場の現場を取材して

就農者の高齢化や新規就農者の不足が問題となっている日本で、農業の競争力と魅力を高めようと、農林水産省の主導で「スマート農業」とよばれる農業の実現に向けて二〇一三年に研究会が発足し検討がなされている。スマート農業とは精密農業をはじめとして、ICT (Information and Communication Technology) 等の先端技術を活用し、超省力化や高品質生産などを可能にする新たな農業のことである。

そうしたスマート農業とは別に、以前から植物工場とよばれる人工環境下で作物を育てる技術が普及しはじめている。古在氏が所属する千葉大学柏の葉キャンパスにある植物工場を二〇一五年一一月に取材させていただいたので、補足的に紹介したい。

古在氏によると、わが国には人工光による植物工場が約二〇〇棟あって世界一多い。全国最多は東京の一二棟で、沖縄の一一棟がそれに次ぐ。沖縄では、暑さ、病虫害、台風などのために、青物（葉物）野菜が六～九月の四カ月間生産できず、その間は本州から移入せざるをえない。それを補うために、植物工場を利用しているのだという。

また興味深かったのは、光や風を人工的に制御して、ふわふわとか、シャキシャキとか、食感の異なるレタスを大量生産できることである。ビタミン含量を増やす技術も可能とのこと。さらに、植物工場といえども、人が種子を播き、育苗し、植え替えを行う必要がある。作業者のセンスで生産効率やコストが変わり、経営にも大きく影響してくるという話は意外であった。

人工光型の植物工場でよく栽培される作物は、リーフレタス、ハーブ類などだが、新潟県阿賀野市でビオラ、パンジー、ベゴニアなどのエディブルフラワーの生産・販売が二〇〇六年一月から始まった。植物工場を導入した理由は、農薬を使わずにエディブルフラワーを栽培したいということと、積雪期を含めた周年栽培を可能にして首都圏への需要に対応するためである。この植物工場は、栽培担当の㈱脇坂園芸ほか、LED光源担当の㈱丸山電業社、プール等水源担当のさくら水道、設備担当の㈱クボ製作所、建屋担当の㈱若月商店の五社がI・Uターン者や新規ビジネスの企業参入による地域活性化を目的としてつくったものである。建設費用は通常数千万から一億円程度であるが、廃校の小学校空き教室を活用し、五社が独自に手作りで作った結果、八〇〇万円でできたという。地方ではこうした廃校利用の植物工場が増えており、新たな農業形態として雇用を生み出しはじめている。

（2）自然農法の現場を垣間見て

桝潟氏や秋津氏によれば、有機農業は近代農法の反動として始まったものであるという。しかし日本の有機農業市場や栽培面積は未だ規模が小さい。世界の有機食品市場は二〇一四年時点で八〇〇億米ドル（約八兆円）であり、一九九九年からの一五年間で五・三倍に増加している[Sahota 2016]。また二〇〇九年、日本の有機食品市場は一二五〇億円で、世界のそれと比較するとわずか二・三％である。日本のJAS有機認定圃場の面積は二〇一四年時点で田畑合わせて〇・二二％である。自然農なら、有機農業よりもさらに規模は小さいだろう。しかし、近年、私の身のまわりでも若い新規参入農家やこれまで有機農業を行ってきた農家でも自然農を試みはじめる人が増えている（そのことを反映するかのように二〇一六年七月に現代農業別冊『農家が教える自然農法』［農文協］が刊行された）。

昨年（二〇一五年）、福岡県糸島市にある松国自然農・学びの場を訪れる機会に恵まれた。そこでは複数の人びとが家庭菜園のように区画を分けた田畑で思い思いの作物を栽培していた。この農園の指導者の村山直通さんは自然農提唱者の一人、川口由一氏の流れをくんで二〇年以上自然農を実践してこられた方である。

まずこの農園の第一印象は、作物がのびのびと育っているように見えたことである。松国自然農園では、すべての作業は手作業であり、耕さず、虫や雑草を敵とせず、農薬も必要としないことを原則としている。とにかくまったく耕さないので耕耘機のような機械を購入する必要がなく、腰や体を痛くすることもない。燃料代も、農薬代も要らない。草や作物の根に土を耕してもらうのが基本だという。農薬をまかないのに、周囲の慣行栽培の田んぼでウンカが大発生しても、たとえ自然農の田んぼのあぜにウンカが大量にいたとしても、不思議なことに自然農のイネはウンカの害をほとんど受けないという。また病気もほとんど出ないという。まずはとにかく非常に経済的だ。

またたとえば田んぼの除草は、草の生育途中で一度根を切る程度なのに、特定の雑草が稲の生育を妨害するほど大きくなっていなかった。除草の手間も最小限でよいというのは魅力的だ。

こんなことを書くと多くの農学者はオカルトだととらえるかもしれない。でも子どもの頃、自然の野原で遊んだ記憶を思い起こせば、特定の植物に病気が大発生したり、虫が大発生することはほとんどなかった。つまり作物を取り巻く昆虫、雑草、根圏や植物表面の微生物などの生態系のバランスさえ整えてやればよいのではないか。それを田畑で実践するのが自然農法なのではないかと、村山さんの解説を聞きながら思いいたった。そういえば、地元鶴岡で自然農法の水田稲作を試みている農家から、田んぼ周辺にイネミズゾウムシが大量にいるのに、自然農法のイネにはほとんどやってこないので不思議だという話を聞いたこともある。

日本を代表する昆虫学者、桐谷圭治氏は今後の害虫防除のあり方としてＩＢＭ（総合的生物多様性管理）を行うべきだと提唱し、自然農法もＩＢＭの実行には重要な管理法であると述べている［桐谷 二〇〇四、二〇一二］。ＩＢＭは「すべての生物密度を、上限は経済的被害をもたらさない密度以下に、また下限は絶滅閾《しきい》値を上回る密度を保つように管理する」ことであるとし、「ただの虫」を絶滅閾値以下に追いやらないための保全・保護の積極的管理手法であるとしている。「ただの虫」とは害虫でもなく、益虫でもない昆虫のことで、桐谷氏自身が命名した分類枠である。「ただの虫」はかつて生態学上の役割がわかっていなかったが、害虫の天敵（益虫）のエサとなることがわかってきた。かといって益虫ばかりを増やすとエサ不足や共食いが起こってかえって益虫が減少することにもなる。天敵が有効に働くには「ただの虫」を含めた多様な昆虫相がエサとして必要なのだという。このように自然界の生態系のしくみがわかってくるにつれて、さらに望ましい防除のあり方も、さらなる有機農業や自然農法の価値もわかってくるに違いない。

6　おわりに

オックスフォード大学の動物行動学者であるジョン・クレブス氏は著書『食　九〇億人が食べていくために』の中で、将来の食料生産に関する議論で重要な方向として、①自然をより効率よく活かすこと、②水の汚染、自然環境の破壊、生物多様性の喪失、土壌の侵食、気候変動の促進といった外的な影響を最小限に抑えること、③単位面積あたりの生産性を低下させないことをあげている。

私たちは今後も豊かな食べものに恵まれたいと思う。そのためには科学やその技術の利用は不可欠だろう。しかし同時に作物や野生植物を含め、私たちが生きものとともに生きる感覚はますます失われつつある。また食べものに感謝する気持ちを失ってはいつか足下をすくわれるのではないかと危惧する。

一万年以上にわたる採集から栽培への全貌をふり返ることは困難で不十分な総括になったが、何らかの議論の踏み台になればと思う。総合討論の活発な議論に期待したい。

〈注〉

(1)『かてもの』の解説書として高垣順子著『米沢藩刊行の救荒書「かてもの」をたずねる』(歴史春秋社、二〇〇九年)という優れた著書がある。

(2) 在来農法は資源を地域内で循環的に活用するが、近代農法は資源を消耗的に(使い捨て的に)活用することが多い。

(3) 在来農法の「経験知」という言葉は当初「伝統知」としていたが、その後、複数の方から「経験知」のほうがよいというご指摘をもらった。「伝統」というと、過去にきちんとしたルーツをもって継承されてきた流れをイメージさせるが、「経験知」の場合は必ずしもそうではないというのが理由。

(4) 在来農法では経験知を帰納的に活用するが、近代農法では実験科学に基づく知識と技術を演繹的に活用する特徴がある。

(5) 純系分離とは育種方法の一つで、雑多な植物集団の中から有望な個体を選抜・増殖を繰り返し、望ましい形質が遺伝的に斉一に固定した集団をつくる方法である。

（6） 自家受粉を何世代か繰り返して弱勢が起きたものを再び交雑すると生活力を取り戻し、自家受粉を開始する前よりも生育旺盛になることがある。これを雑種強勢といい、これを利用して育成された品種をF_1品種という。F_1品種は個体間で形質が斉一になるほか、収量や耐病性が高まるといった優れた性質を示す。

〈参考文献〉

青葉高　一九七六『北国の野菜風土誌』東北出版企画。
宇根豊　二〇〇五『国民のための百姓学』家の光協会。
江頭宏昌　二〇〇九「山形の在来作物」岩田三代編『伝統食の未来（食の文化フォーラム27）』ドメス出版、二〇-四七頁。
江頭宏昌　二〇一〇「作物多様性の機能」総合地球環境学研究所編『地球環境学事典』弘文堂、一五〇-一五一頁。
江頭宏昌　二〇一三「在来作物の再評価と利用——山形在来作物研究会と周辺の取り組みから」西川芳昭編『種から種へつなぐ』創森社、一一二-一二二頁。
大友義助　二〇〇七「山岳宗教と草木塔」やまがた草木塔ネットワーク事務局編『いのちをいただく——草や木の命をもいとおしむ「草木塔」のこころを求めて』山形大学出版会、二一-三二頁。
桐谷圭治　二〇〇四『「ただの虫」を無視しない農業』築地書館。
桐谷圭治　二〇一二「IBMとただの虫」『樹木医学研究』第一六巻二号、四六-六〇頁。

クレブス、ジョン（伊藤佑子・伊藤俊洋共訳） 二〇一五『食――九〇億人が食べていくために』丸善出版。
農林水産省 二〇一四「国内における有機ＪＡＳほ場の面積（平成二六年四月一日現在）（http://www.maff.go.jp/j/jas/jas_kikaku/pdf/26yuuki_menseki_kokunai_141201.pdf）。
農林水産省 二〇一六「平成二八年農業構造動態調査（平成二八年二月一日現在）」http://www.maff.go.jp/j/tokei/kouhyou/noukou/
原田信男 二〇一四「日本――道元と親鸞」南直人編『宗教と食（食の文化フォーラム32）』ドメス出版、一七七-一九四頁。
宮崎安貞 一六九七「菜の類 蘿蔔」（日本農書全集一二巻『農業全書』二一四-二二四頁、一九七八、農山漁村文化協会）。
山形県置賜総合支庁 二〇一三『おきたまの伝統食材――伝統野菜、干し物』山形県。
やまがた草木塔ネットワーク事務局 二〇〇七『写真集 草木塔』山形大学出版会。
山口裕文 二〇一〇「失われる作物多様性」総合地球環境学研究所編『地球環境学事典』弘文堂、一八〇-一八一頁。
FAO 2004 “Example of Genetic Erosion”, http://www.fao.org/newsroom/en/news/2004/47027/index.html.
Sahota, Amarijit 2016 The Global Market for Organic Food & Drink. In “The World of Organic Agriculture : Statistics & Emerging Trends 2016” ed. By FiBL & IFOAM-Organics International, pp.134-137.（http://www.organic-world.net/yearbook/yearbook-2016/pdf.html).

総合討論

苦み、毒抜きと栽培化

上野誠（文学）　トコロの刺激性に着目した点に感動し民俗学の凄さを感じました。愛知県の豊根村では、「ホド（程）を知れ、トコロ（所）を知れ」と聞きました。飢饉の時、皆がホドばかり掘るのでトコロを忘れるなということらしいです。救荒植物の場合、手間がかかったり発見しにくかったりする方がよく、てっとり早いものから食べ、徐々に手間のかかるものを食べてしのぐ知恵と思いました。

野本寛一（民俗学）　よく聞き取りをされていますね。私も豊根村で「ホドを知れ、トコロを知れ」と聞きました。口承句として言い伝えられている。ホドというのはホドイモと程度を知れの程とが掛詞、トコロも所です。同系の比較を岩手県気仙郡の住田町で聞きました。そこはもっと強烈で、ホドを喰った者は死にトコロを喰った者は生き延びたというのです。だからかなり広域で、トコロは苦いから食べにくいが本当に役に立つという伝承が生きていたようです。今、こういうフレーズになったものが非常に減っているんですが、かつて日本の庶民は重要なことをこのような形で伝承してきたわけですね。

山本志乃（民俗学）　採集で得られる植物には、全般的に「苦み」が含まれる傾向があるのでしょうか。「苦み」は採集植物だからこそ感じられる味ではないかと思いました。

野本　苦みのないものではたとえば小豆菜（ナンテンハギ）があります。小豆に似ていますがカモシカも大好きで競合するのだそうです。ただし、栽培化すると風味がなくなってしまう。藤の若葉も飯に入れる。こういうものは苦さ、キドさはないですが、大いに使えます。非積雪地帯でも一般化しているのはフキノトウ。これは苦い。これで春を祝うというのが重要です。三月の雛祭りになぜヨモギを食べるのか、なぜ菱餅を作るのか。そこには魔よけが集合しているわけですよ。菱は剣で悪いものを寄せつけない。ヨモギのホロ苦さもそうです。雪国では刺激の強いものを食べ、雪の降らないところでもその一部を一般化し大都市でも食べる。そのあたりが日本の食文化の幅広いところでしょう。

上野吉一（動物学） トコロの利用には「冬の毒抜き」という文化的意味づけがあるとのことでしたが、文化による後づけ的な説明であって、そういう意図とは別に利用の理由があったのでは。

野本 こういう視点は非常に重要です。みんなによく言われるんですよ、おまえのは予定調和だって（笑い）。歩かないでそういうことを平気で言う。上野さんがそうだというわけじゃないですよ。ここには雪国の人びとの体験的伝承の集積があるのです。

上野（吉） 私は動物屋なんで、動物の食べるものをいろいろ食べてきてます。それで、食べることに意味づけがなくても食べたらうまいものもあるし、まずいものも口に入れることはできると経験していて。そういう意味で、歩いていない人間かもしれませんが動物のものを喰ってはいます（笑い）。

野本 それはすごいですよ。

上野（吉） 人間も動物の一種と考えた時に、もう少し別の意味づけもあるんじゃないかなと。

野本 野性味のあるもので加工された食品も出回っている一方、山形とか新潟の方は今でもトコロをそのままの形態で食べているのです。私は静岡育ちで静岡県にはトコロを水でさらして粉にして食べたという伝承があります。そのへんの差異に問題があると思ってこのことを考えましたが、もう一度考えてみます。

西澤治彦（民族学）　農作物の場合、野生種には毒性があるものがあり、栽培化の過程で無毒化されたとのことでした。トコロのように根茎類や野菜には強い毒性はないにしてもアクや苦みのあるものがあり、しかもそれが好まれることが多くある。栽培化と苦み、毒性との関係はどう考えたらいいでしょうか。

佐藤洋一郎（農学）　この場合の毒性ですが、何をもって毒というか。どんなものもたくさん摂れば毒になるし少量だと問題ないものもある。たぶん少量の場合は、苦みやえぐみと感じるものもあるだろう。そういう意味で、やはり栽培化が進むと毒のない方向にいくのが一般則だろうと思います。とくに主食的な食べものの場合たくさん食べるので、毒性のあまりに強いものは具合が悪い。それから穀類の場合しばしば離乳食の材料になったりするので、毒性のあるものは非常に問題があります（編者注）。

南直人（歴史学）　今のお話も含めて、いわゆる毒抜きの技術とのセットで考えるべきではないでしょうか。マニオクとか、むしろ毒性があるものの方を好んで栽培化するという話もありますので。

佐藤　それはそうでしょうけれど。ただ苦みやえぐみを好むのは、大人の場合には確かにそういう嗜好性はあるだろうけれど、どこまで一般化できるのか。原則はやはり毒のない方向だと思います。

山口裕文（農学）　作物ができあがってくる時に、毒抜きの技術とセットになるのは野生種を使う段階では通常あることです。品種改良が進むと毒分が少なくなり（苦みがなくなる）、毒抜き技術は必要ないから知らない、ということになるわけです。

江頭宏昌（農学　コーディネーター）　その苦みとか嗜好の問題ですが、私は二五年ぐらい前に西日本から山形に移り住んだ時、なぜ皆さんが春になるとこぞって家族で山菜採りに出かけるのか、これだけ物流が発達している世の中で、山菜を求める理由が最初はよくわからなくて。でも食べてみると体が軽くなるような感覚があるんですよ（笑い）。気持ちがよくなる。それを実感して、この味と体の関係というか、春になると苦みのものを求めたくなるのはそういうことかと思って。たとえば「うこぎ」も山形大学工学部の先生がポリフェノール含有量や抗酸化能を調べたら、すごく高いんです。苦みはおそらくポリフェノールが主成分だと思いますが、そういうこととも関連しているかなと。

佐藤　一つ思い出しました。いわゆる赤米とよばれる種類の稲があって玄米表面が赤い。これには確かにある種の成分があり、種まきの時、玄米にして湿った濾紙の上に置いておいても黴びません。でも精米すると容易に黴びるからアンチ何とかが入っているのでしょうね。これは苦みの素になっている。そういう点でも広い意味では毒だと思います。そして品種改良の過程では、やはり赤い物を排除し白い物を選んできたプロセスが確かにある。なぜそんなことを言うかというと、春先に苦みのものを食べてちょっと下痢して身体が軽くなるくらいはいいとしても、三六五日食べていたら大変で。やはり過ぎたるは何とやらで、この成分についてはそれが結論ではないかと思います。

前川健一（海外旅行史）　でも苦いものが食べたくて山菜を食べるなら、生でそのまま食べればいいのになぜ日本では湯がいたり天ぷらにして苦みを抑えるのか。タイからラオスにかけて苦いものばかり食べている地域があって、たとえばニガウリでも、日本より小さい鶏卵ほどの大きさで、やたら苦いものを好んで食べる。ニガナ（ホソバワダン、キク科）でも何でこんなものをというのを生で食べる。お浸しとか、そういうごまかしはしない（笑い）。苦いものは苦いままに喰うという地域もあり、品種改良して苦くなくそう毒性をなくそうなんて気はさらさらない、という人たちも世の中にはいるということです。

西澤　さっきの質問に戻して確認させていただくと、穀類は一般則として無毒化に向かっているということですね。それは大量に食べるし、離乳食にもなるからということで非常に納得しました。野菜に関してはゴーヤなども最近は苦みのない品種も栽培されるようになってきています。だとするとある程度この一般則が野菜にも当てはまるのではないでしょうか。ただやはり植物の栽培化を考えるうえで、この苦みとかアク、毒性が一つのキーワードだと思うんです。だから大量に摂取する穀物とそれ以外の野菜とは分けて議論する必要があるのではないかと感じました。

中嶋康博（経済学　総合司会）　生理学、医学の関係から考えるべき事項はありますか。

伏木亨（栄養学）　たくさん食べるものと少量しか食べないものは絶対に区別する必要がありますね。タンパク質とかエネルギーを摂るためのものとビタミン類や味つけのものは全然違う性質ですから。

上野(吉)　以前このフォーラムで発表したんですが（『味覚と嗜好』）、チンパンジーとそれ以外の動物などをいろいろ比較していくと、ヒトとチンパンジーは苦くても平気で食べる動物。その代わり一日に食べるバリエーションをとにかく増やす。同所的に棲んでいるゴリラが一五種類ほどしか食べないのに対し、チンパンジーは二〇～三〇種類食べるといわれています。そういうふうに戦略自体がヒトやチンパンジーでは違っている。つまり、苦みに対する抵抗性をもっているのです。

中嶋　認知があって、認識しているということですね。

上野(吉)　チンパンジーぐらいになると、脳の発達でできるようになったと理解しています。

中嶋　栽培化するとかなり種は少なくなり、ある特定のものを食べる傾向になるわけですよね。すると安全管理の面からしても毒に対するある程度の知識や経験がないとまずいということでしょうか。

佐藤　毒の総量の問題です。

採集と栽培——野生植物をめぐって

佐藤　野生植物はなぜ栽培化されないのか。理由の一つは日本人の自然観、さらには自然利用の文化にあるのではないか。比較的南の東南アジアの人を含めて、私はそうだと言いたい。江頭さんは経済的原因と社会的原因をあげられたけれど、そういう日本人のメンタリティみたいなものを無視することはできないのでは。

村瀬敬子（文化史）　そもそも採集で十分な量が採れるなら、あえて栽培はしないのではないですか。栽培化するかどうかという問題は、採集／栽培がもつ意味や採集／栽培の主体の社会的立場を考える必要があると思います。たとえば、家で梅を漬ける時にその辺で野生のシソをとってくるということは、農村部ではそれほど珍しくありません。野生のシソをとっても問題なく、家族の分だけでよければ、あえて栽培化して収穫量を増やす必要はないのです。

江頭　採集だけで十分なら確かにそうかもしれません。

前川　栽培されるかどうか、私は単純に経済的問題だと思っています。タイでも今キノコを栽培しています。それから空芯菜、もともと水辺にいくらでもあったものですが、栽培されたものと合計三種類ぐらいある。もちろん今も川辺で採るのは家庭レベルではありますが、市場に出ているものはみな栽培だろうと。それは売れるからです。

中嶋　ビジネスのような観点からのご指摘です。ところで伏木さんはプチ栽培をされているようですね。その話を披露していただけますか。

伏木　じつは一昨年、突然、家の庭の隅にフキノトウが出てきまして、ものすごく嬉しかった。もちろん食べました。で、何で俺はこんなに嬉しいのかなと。このフキノトウ一個が自分の家庭の経済活動に対して特段の価値を与えてくれるものでもないし。ただ自分の所有地に生えたのが無茶苦茶嬉しかった。去年も同じ場所に生えたのでもちろん採りました。今年はまだですが、たぶんここに生えるだろうと思って、踏まないように石ころで囲っています。これ栽培と違いますか？　最初はそこにあったのを「採取」していたわけですけれど、石ころで囲ったら何となく「栽培」になったような気がしたなと思いました。しかし「農耕」はしていません。

落合雪野(民族植物学)　行為としての採集についてですが、食べるだけでなく、採りに行くこと、見つけること自体に喜び、楽しみ、遊びがあるのではないでしょうか。私の両親や親戚が正月の自然薯掘りで盛り上がっていたことを思い出しました。

野本　このことはね、松井（健）先生が「マイナー・サブシステンス」という説を出されて民俗学界では一世を風靡したんです。私は漁撈とか狩猟とかいうのを生業要素として考えたんですが、その一部はマイナー・サブシステンスで楽しみでやっているんだという考えもあります。ヤマメを釣りに行くのなど楽しみなのだと。しかし私は、確かにそういう要素もあるが、生業複合的にいろいろ採ったり、獲ったり、漁ったりして暮らしを支えてきた、という側面を重視しています。でも落合さんが言われるように楽しみの要素、これは間違いないですね。

小林哲（マーケティング）　トコロの採集は儀礼化されているんでしょうか。儀礼化というかルール化されているとすれば、それはなぜなのか。もしトコロ以外でも例があれば教えてください。

野本　私の調査ではトコロを褻《け》の食物にする以外の地方で神饌や年中行事に使うところは、儀礼化していると言っていいと思います。たとえば正月のトコロ節供や雛祭り、彼岸というように決まった日に使うということですから。それに応じて掘りに行くわけで、かなり儀礼化した部分も背負っているといえるでしょう。

小林　採集には決まりごとがある場合も多いですよね。たとえば、採集する日にちを限定したり、誰が採集に行くか決めたりして、採集する場を保護している。このような秩序だった採集は、見方を変えると消極的な栽培といえるのではないでしょうか。つまり、トコロなど儀礼化することで何らかの制約を設ける採集と、何も考えず欲望のおもむくまま天の恵みをいただく採集では、同じ採集でも違うものとして考える必要があるのではないでしょうか。

野本　すごい視点だと思いますね。民俗学がもっとしっかりしないといけないのはそういうところです。じつはトコロ以外のものをずっと聞いていくとかなり決まっているんですよ。これは誰が採りに行くとか、いつから採ってよいのかなど、「山の口開け」といった解禁日が決まっているものがずいぶんあります。トコロについてもさらに調査を進めてみます。

印南敏秀（民俗学）　ところで民俗学ではイネとイモ（里芋）の二元論的な文化論が一時盛んでしたが、里芋以外に根茎類の豊作を祈願するような儀礼はあるのでしょうか。

野本　これはトコロにもあります。福井県の小浜市加茂に加茂神社という神社があって、旧暦一月一六日ですからほぼ小正月、「おいけもの」という神事を行います。通気孔をつけた木の箱（縦二二・五cm、横一二cm、深さ九cm）の中に、トコロ、栗、榧、椎、こなら、銀杏、干し柿と七種類入れるわけです。一年間埋めておいて、次の年に掘り出してみて腐っていないかどうかで占う。今では米の豊作を占うといってますが、本来はそこに入っているものがよく採れるかどうかを占っていたものでしょう。これはトコロを主体にすれば明らかに豊穣祈願の予祝儀礼になっているのだと思われます。

なぜこの栽培種を選んだのか

岩田三代（食物・生活）　昨年度の「野生から家畜へ」では何を選ぶかについて、経済合理性、病気になりにくい、人間に馴れやすいなどいくつか条件がありました。採集から栽培ではどんな基準で選ばれるのか。米や小麦のように生きるためのエネルギーを第一にした主穀と野菜、果物では違いがありますか。

佐藤　すごく違うと思います。たとえば植物には自家受粉するものと他家受粉するものがある。それから一年で実をつけて死んでしまうものと何年も生きるものとがある。このへんが動物と決定的に違っている。他家受粉なら生殖方式として動物とあまり違わないですが、自家受粉は動物には絶対に真似ができないやり方で、それが入ってくるとドメスティケーションの方法が大きく変わる。大きな理由は、一年で世代が完結するので進化のサイクルがすごく速くて、新しいタイプがどんどん出てくる点が一つ。もう一つは、自家受粉なら極端にいえば一粒の種があればどこでも定着できる。一粒の種を持っていき五千キロ離れたところに播いて芽が出れば、そこで定着しうるんです。他家受粉の場合は複数個体いるので動物のようにつがいで持っていかなきゃならない。そういう繁殖様式の違い、寿命の違い、生殖ができるまでの年数というような要素で、ものすごくバリエーションがあります。

岩田　動物と植物の違いはわかりましたが、栽培種を選ぶ基準としては持ち運びしやすいとか。

佐藤　持ち運び云々の前に主穀と野菜、果物の違いがあるかというところに反応してお答えしたわけですが。ですから選ぶ時には、たとえば穀物のようにたくさん食べられるようなものの場合には一年生の方向に、それから自家受粉の方向にと指向性が働いたんだと思います。

岩田　小麦とか米とか、エネルギー源となる人間の生命維持のための植物選択をする場合、あまたある中で選ばれた、どのあたりがドメスティケーションに一番適合していたのでしょうか。

佐藤　都市ができて人口が集中するような条件になってくると、やはり大量のデンプンを生産しなければならないので、そちら側の力が加わる。しかし農耕の初期段階では必ずしもそうではないので、むしろその土地にどんな種類の野生種があったかが利いてくるのだろうと思います。

山口　報告で豆の例を紹介しましたが、二、三〇種類のうちから栽培化された種には共通した特徴がある。一度採りに行ってすぐなくなるようなものは栽培化されていない。だから群落がある程度大きいもの、採集に対して耐えうる回復力をもつようなものが作物化した。つまり初期状態でそういう特徴のないものはダメ。だから稀少種の珍しいものなど作物にならないんです。

岩田　ある程度、繁殖力があって、いっぱいできるという。

山口　野生種の自然個体群を見ているとわかりますが、空き地ができた時に大きな群落をつくるようなもの。野生イネもその特徴をもっている。大量に採れるもの。小豆の事例も同じで、すべて群落が大きい。

作物と人間とのかかわり

佐藤　栽培種の類似性という点では、半分は山口さんが言われる生態系に対する適応の結果であると思います。「栽培種の類似性」と断ったのは、DNAのほうは種によって配列が全然違うことがあり、DNAが対応しているわけではないですから。その観点からすると、たとえば脱粒性などもあるでしょう。ただ全部それだけでいかないと思うのは、東南アジアの焼畑地帯を歩くと、触っただけで落ちるような脱粒性がいいイネを作っている人たちがいる。風が吹いたら種が落ちて困ると思うけれど、彼らは穂刈りの道具を持っておらず、手で穂を握って脱穀しながら収穫する。その時少しでも脱粒性のないものを選ぶと手が痛くなるから握っただけで種が落ちるようなものを選んでいるという。そう考えると、山口さんの言われた間接的に選ばれたものと、それから直接選んだものと両方あるのだろうと思いますね。

小林　栽培種が栽培する人との相互作用で決まるというのは、ある種当然のことだと思います。ただ、同じように相互作用を繰り返しながら、特定のものに収斂（同質化）する場合と、収斂せず拡散（多様化）する場合があるように思います。東南アジアのイネの場合はどうですか。

佐藤　それで多様になるのか一様になるのかわかりませんけれども。こんな想像もできます。近くにイネの野生種が生えている畑があり、そこから穂を持ち帰りました。するとその間に種のこぼれやすいものはすぐ落ち、集落まで持ち歩いて種が付いているのは落ちにくいタイプになります。そうすると、人間の集落に近づくほど落ちにくいものが残る、そういうことはありうる。

桝潟俊子（環境社会学）　山口さんの「栽培」の概念は、作物のもつ形質に力点をおかれ、野生種から栽培種への醸成において中尾佐助先生の提案された「半栽培」という概念を用いておられますが、最近の「半栽培」への関心は、要するに資源や環境などと絡んで、どのくらい人間や文化がそれにかかわっていくかという面からも使われる場合があります。そこをどう整理したらいいのか。

山口　半栽培というのは、環境と植物の側の両方の軸において中間的な移行段階みたいな形。ですから権利的な問題と、囲いこみの原理みたいなもの、野生種を囲いこんだ時は一応セミ・ドメスティケーションの状況です。だから生き物の側、管理対象の動物・植物の側の問題と、環境の側、環境を制御している人間側の問題とがあって、それを個々の軸でとらえたのでは全容がつかめないので、二つの量的なスパンの中で総合的に理解したらどうかというのが私の図（四三頁）の提案になります。

江頭　私からも確認しておきたいのですが、山口さんが考える半栽培では栽培しているという人の意識はどうかかわるのか。あるのが半栽培か、ないのが半栽培か、どうでしょう。

山口　人間の側の意識もたぶんいくつかのパラメーター、要素で決まる。だから単純に半栽培とか中間とか言っていますが、そうではなくていくつかの要素に分け、平準化してみると非常に意図的にやっている場合もあるしそうでない場合もある、というような状況を想定しない以上、半栽培、中間的な部分は説明できません。

江頭　両方、含みうるということですか。

山口　そうです。両方、お互いになっている。文化的なセットとしてそれがあるからです。人の意図の側からいうとなかなか難しい部分がありますけれども。

佐藤　「崩壊」は重要なテーマと思います。二種を混ぜることで新たに生じる雑種化は、ある文化のもとで食材（食料）の崩壊を招くし（経済的にも）、またその農家が知らずにその種子を播くと一層深刻なことが起きるでしょう。これは遺伝子汚染といってよいと思う。

南　私も「崩壊」という強い言葉が印象的でした。ヒエなどの絶滅への傾向、管理インテリジェンス、加工も含めた文化の劣化は、現在、食のグローバル化でますます加速し、ついには巨大育種企業によって人類の食が支配されてしまう、というイメージでよろしいでしょうか。

山口　これは『バイオセラピー学入門』という本で書いています。現代社会をみると、分業化が進み高度技術化が進んで、植物や生き物に対する知恵が担い手から離れてしまうという現象が起きている。それが崩壊につながるわけで。逆に言うと、環境保全とか、生態系保全が必要だと保全の専門家が言っている現状は、もう破滅的なんですね。そんなもの要らないです、本当は。食べものを食べる、ちゃんと調和して生きることをきちっとしていたら、それで十分なんですよ。ところが行きすぎている。専業化をやるから知恵がなくなってしまう、局在してしまう。知識の偏在。社会全体では全体にものがあるみたいだけれど、トータルをみると非常に専門化・分業化しすぎて知恵が偏在してしまい、難しい状況になっている。それで図の最後、縦軸に「崩壊」としたのはそこを示しています。

中嶋　農業は持続型の産業でなければいけないのに、内部崩壊という問題を抱えているわけですね。

山口　そうですね。

南　未来の一つの可能性として山口さんが問題提起していると思います。もうそういう方向に必然的に行くのか、そうではなくて、その可能性を考えなければいけないというふうに理解しました。

栽培化と家畜化の理解

中嶋　昨年度は「家畜化」との関連でいろいろ意見が出されました。「栽培化と家畜化の理解」ということで議論を深めていきたいと思います。

池谷和信（地球環境史）　昨年度の家畜化のプロセスと比べて、栽培化のプロセスの特徴は何でしょうか。これは個体のコントロール化、個体群のコントロール化、というふうに整理できますか。

上野(吉)　私も家畜化との関連で。山口さんの発表にあった栽培という植物の利用、すなわち品種化には、ヒト側の意図とは別に植物側が「ヒトを利用する」というとらえ方ができるように感じました。ヒトと植物の関係はヒトと動物の関係のように、ヒト側からの一方向ではなく両方向的に成り立っていると考えられるのでしょうか。

森枝卓士（民族学）　栽培「させてやる」側、あるいは「してもらう」側から、このかかわりをみたらどうだろう。栽培してもらう品種に選ばれるという植物の側の戦略みたいなものとして。

藤本憲一（情報美学）　「植物側」の適合意図について、私も山口さん同様「動物には人に歩み寄る意図があるが植物にはありえない」という議論はおかしいと考えます。動物と植物とを区別する考え方の背景には、第一に擬人主義（個体の意図と種＝ＤＮＡの意図との混同）、二番目に人間の優越主義（人類だけが栽培・飼育できるという特権的な考え）があると思いますが、この点はどうでしょう。

南　私からも植物の栽培化と動物の家畜化の類似点、その関係性について。たとえば西アジアから地中海の冬作物の地域で、なぜ多様な家畜化が生じたのか。逆に東アジアから東南アジアでは豚・ニワトリ以外は家畜化しなかったのはなぜか。農耕のタイプの差がどのように影響したのでしょうか。

池谷　ポイントを絞りませんか。たとえば西アジアに地域を限定して、およそ一万年前に時代を限定してみましょう。基本的に定住化した狩猟採集民が最初に栽培を始めたということまでは定説です。定住は重要で、いわゆる農耕の始まる前に起きている。定住があり農耕が始まり、さらに家畜飼育が始まる。この順番はかなり定説になっています。それを前提に二つ提起したい。

私も野本さん同様フィールドワーク主義で、日本の東北地方のゼンマイ採りに弟子入りして一カ月間ゼンマイを採っていました（笑い）。彼らのメンタルな採集意識では、やはりゼンマイを群落として認識している。いわゆる個体で議論するより面で採集をとらえている。家畜の場合も、遊牧論のなかで群れで家畜化していくという議論と、やはり個体で人質に取りそれを増やしていくという考え方がある。個体でみるか群れでみるか昨年度かなり議論があったので、植物の場合、定住した狩猟採集社会がどのように採集を考えたのかというのが一つ。

もう一つはアフリカのカラハリ砂漠でのこと。フィールドワークで二年ぐらい住みこみずっと定住的な狩猟採集民のところにいたんです。すると野生のスイカが一面にあって、これも個ではなくて群れ。それを見て現地の人はおそらく栽培化した。野生スイカのセンターとしてカラハリが一つの候補になっているので、その栽培した時のメンタルな意識はどうかが気になっている。野生の採集スイカを持ってきて食べると種が出て、キャンプにスイカの密集地ができる。人的な影響で新しい野生の畑みたいなものが自然にできます。そういうメンタルな意識がどんどん蓄積される。その時、経済的要因で栽培したいというのが最初からあったとは思わないんです。その人間と植物の関係が、佐藤さんが言う数千年単位だったのか、割と短期間で成熟していったのか、その過程をどうお考えになりますか。

佐藤　植物の場合には他家受粉する、つまり雄花と雌花、雄株と雌株があるようなタイプのものとそうでないものとでずいぶん性質が違ってくると思う。でも基本的には池谷さんが言うように群れですね。集団を相手にして、集団の中から種をとったり何かをとったりしてくる。スイカみたいなものだったら種をばらまくようなこともあるだろうし、稲・麦の場合でも未熟な種子を飛ばしてしまうようなこともあり、やはり人間に近いところでは、より人間に寄り添った態度というか、適応的になるということが起きるでしょう。そういう点ではたぶん集団で選択が加わったのだろうと思いますね。

ただ、そもそもドメスティケーションの時に、種《たね》の中に赤や白、黒というのがあって、白色のものを選択することが人間のメンタルな要素としてもしあるなら、ほとんど赤い中できれいだからと白を持ってくることがなかったとは言えないので、補助的にはそういう特別の個体に対する選択を否定できないのではないか。

池谷　その動機は？　たとえば家畜の場合、儀礼とかいろんな理由がありますが、そこはどうか。

佐藤　家畜の儀礼に相当するのが、たとえば種子の色とか花の色、そういうものに対する選択、注目が、儀礼にかかわった可能性は大いにあると思います。もう一つはプロセスのスピード。今のところ分析のメッシュが粗いので何千年かかったという表現をしていますが、何カ所かとるとあのように見えても本当は行きつ戻りつしながら、何かある閾値を超えると元に戻れなくなったということがあり、それでその群落・集団の特定のものが増え、固定してしまったということがあるのかなと思います。

池谷　山口さんも大群落を強調されましたが、スケールはどのくらいのイメージですか。

山口　大群落はイネなど穀物ですね。豆の場合だと二、三百個体かな。一つのポピュレーション中にある個体数は。たぶん群れで相手にできるようなものでなかったら栽培化の対象にはならないと考えたほうがいいと私はずっと思っています。ただ園芸植物は別で一個体でも珍しいものは高いですから。一株二〇万円の蘭なんか誰も大量生産しませんよね。だから群れとしてたくさん採れて持続的にいけるものと、一個一個の個体の特殊なものを相手にしているケースがあって、認識が違う。初期的に農作物になるというようなものをずっと見ていくと、だいたい大群落をつくるようなものです。

池谷　昨年度私も報告したのですが、トナカイのような家畜だと今でも半家畜といわれるぐらいコントロール不能で、羊、ヤギの場合はかなり家畜化に成功した。ならば植物の場合も、どこの閾値でスイッチが入るのか。ある程度半栽培的なものが長く続くわけですよね。それで終わる植物もたくさんあるだろうし。もう一歩進んでそれをコントロールする、生殖管理までいく、そこの間にギアチェンジみたいなものがあるんですよね。それは何なのでしょうか。

山口　たぶん大量にニーズがあるようなものだと、シフトしないとまずいですよね。

池谷　ニーズで必要になってきたと。それは経済的理由なのか、いわゆる農耕儀礼だとか。

山口　経済とか何かではないでしょうね。生活の上で必要だという意味で。

池谷　いわゆる食料生産的な意味というのではない。

山口　そうですね。金儲けのためにどうこうという、そういう経済的意味ではなくて。

森枝　たぶん関連すると思いますが、家畜化の議論で出た、家畜の側にある種の条件がありましたよね。人間と一緒にいて嫌じゃない奴とか、大人しいとか、グループでついていくとか。ちょうど読んでいたのが『欲望の植物誌』で、『雑食動物のジレンマ』や『フード・インク』などを書いたマイケル・ポーランの本。彼が、私も考えていたことをうまいこと言っていて。要するに、人間が選んで栽培してやったと、どうしても私たちは見てしまうけれど、戦略的に植物の側が人間に今の状態にさせたと。動物だって、牛というのはおいしくなったから一〇億頭も世界で繁殖できた。その点ではイネ科の植物なんてこんな成功はないわけですよ。森でも何でも切り開かせて稲とか小麦を作らせるというのは。だからその一部を税金として人間に喰わせてやっている。その観点から栽培化というのはどうなのだろうと。彼がこの本の中であげているのは、リンゴとチューリップとマリファナとジャガイモ。渋いでしょ、選択が（笑い）。

だから山口さんが言った花の話もまさにそう。家畜化フォーラムで秋篠宮殿下がされた話にも通ずる。たとえばニワトリの家畜化でも、すぐ食べ物ではなくて、二〇万円の蘭みたいに持つだけで価値があるみたいなステータスだったりするというようなことも考えられる。

藤本　まさにそのとおりで。昨年の家畜編でも最後にそれを言いたかった。オオカミは犬に、雑草は作物になることでDNAを広めた。植物も動物も栽培化や家畜化によって、人間に遺伝子を運んでもらう、いわば相利共生戦略が適合した。飼育や栽培は何か特別崇高な人類固有の文化的営みのように勘違いされがちですが、ヒトよりはるか前に、すでにアリたちが他種の昆虫の飼育や、植物の栽培を営んできた。ハキリアリの巣だけで育つアリタケ（蟻茸）や、巣の内外で飼育・放牧されるアリマキは、相利共生進化として知られてますけど、ヒトと犬やイネとの関係もまったく同じでしょう（笑い）。

佐藤　作物というか植物は二面性をもっているような気がします。一つは人間をして自分たちを繁殖せしめた。そうみられる面もありますが、もう一つは雑草といわれる存在があって、彼らはむしろ反対なんですよね。栽培植物のような顔をして、じつは野生植物のような生き方をし、かつ人間を困らせる。人間はやっつけようと思うけれど、一万年かかっても雑草を駆除できない。そういう存在もあり、そこは敵になったり味方になったり、両方あるんじゃないか。

山口　結局、栽培植物が人との共生関係を強くして成功していく。同じように雑草は、人の目からみたら困るだけで、雑草の側からみると、空いている場所に早いもの勝ちで入ってやろうという戦略をとったものが、雑草として残ったわけです。だから植物の側がどういう繁殖戦略をとるか。子どもに対するフィットネス（適応度）、次代に対するフィットネスを高めるかは、選択要因と生き物側がもっている特徴との間で決まっているので、それは動物だろうと植物だろうと変わらない。結局、選択の結果としてそういうものになる。

ただ栽培植物と人との関係とか、人と家畜との関係、共生関係というのは強くなりすぎると脆弱で、いつ絶滅するかわかりません。危険だということだけははっきり認識しておかないと。強い共生関係をもつ生物群ほど早く絶滅しているという生き物の歴史はある。そのあたりまで考えておかないと、強くするのもいいことばかりではない。

ラオスで食べる在来種と野生種

朝倉敏夫（民族学）　ラオスでは、野生植物の利用についての民俗知識はどのように伝えられていますか。今後の伝承はどうなるでしょう。

落合　食卓で共に食べながら、一緒に森に行く途中で採集しながら覚えていく。今のところそういう日々の行為のなかで伝えられているようです。今後の問題が当然ありますが、都市生活者になって生えている場所に行けなくなったり、生育地の状況が変えられたりすると、そもそも野生植物にアクセスできなくなるので、継承が厳しくなる可能性があると思います。

森枝　野草をそのまま野菜として食べることばかり頭にあったけれど、ハーブとかスパイス（ハーブとスパイスはドライか生かで分けられる）との関連はどうなのか。ハーブの文化と野菜の文化はオーバーラップし、ハーブ的なものをそのまま食べることも普通にあるわけだけど。

落合　ラオス語の感覚では、「パック」といって全部まとめて野菜として扱います。でも、よくよく嗅ぎ分け嚙み分けてみると、日本でいう「つまもの」に近い、香りや刺激を楽しむような要素が強いものがあります。森枝さんが言われたように、純然たる野菜ではない、よりスパイス的な立ち位置が付与されていることを感じますね。口の中がイガイガする成分とかピリッとくる成分とか、ある種の成分を摂取する、そういう利用がされます。さらに、完全にスパイスのような状態で、茎とか樹皮の部分が使われるものもあります。

森枝　アジアで唐辛子の文化が入って定着している地域は、たとえば山椒など刺激に対する嗜好があるところが多いと思う。インドのさまざまなスパイスを使ってきたところに唐辛子が入ったみたいな。苦み、渋みとか、収斂味みたいな、そういうもろもろの刺激に対する嗜好があるところに入っている感じがします。なにかそのへんの嗜好がどうも関連しているんじゃないか。それから、苦みや渋み、えぐみなどに対する好みは、米を大量に食べる文化と関係していませんか。

落合　米食は、副食としての野生植物の苦み、辛み、刺激をうまく着地させていて、ショックの緩衝材になっていますね。おこわがあるから安心して冒険ができる、ある種のバランスというか対応関係はとても重要な食のポイントでないかと思います。そもそも刺激というものが一つの味のカテゴリーとしてありますね。その刺激をどの食材に求めるのか。非常に求めやすい対象として、現在では唐辛子が大きな役割を果たしている。そういう位置関係にあるのではないでしょうか。

真柳誠（中国科学史）　ほかに、この辺だとシナモンの野生種があるんじゃないですか、栽培もできるし。それから生姜もかなり普遍的にあるはずで。それもやはり辛味のものです。シナモンや生姜は唐辛子とはタイプが違いますが、辛味健胃薬といって胃液の分泌量を増やすので食べすぎの時には辛味がいい。一方、苦味《くみ》、苦味健胃薬というのがあって、苦い味は胃酸の出すぎを抑制する。だから胃酸過多には苦みのセンブリなどを使う。これは薬学の観点です。薬草医などはそれらがわかっていて、親子代々の知識が伝わっているのではないかと思います。

食物選択における経済の作用

山本　市場での売り手は農業従事者が自家生産作物を直接売りに来ているのでしょうか。

佐伯順子（文学・メディア学）　日本の七草のように、本来は野で摘んでいた草が、ラオスでも環境の変化、都市化によって商業化され、スーパーなどで売られるような現象は生じていますか。

落合　どちらも野草の売買の問題ですね。売り手は都市周辺の農民です。スーパーがほとんどないので、露天の市場で売られます。都市住民が増えたことで、販売が増えたという面もあるでしょうね。

守屋亜記子（民族学）　都市で大量に消費されるようになったため、栽培されるようになった野生植物はありますか。

落合　庭畑の事例で、人が管理する環境に野生植物を持ちこんで栽培するようになったものはあります。野生の状態でも採りに行けばありますが、それを植えて利用する。それは栽培化ではなくて、野生植物の栽培の段階でとどまっている状態ではないかと思います。

山辺規子（歴史学）　栽培品と並んで採集されたものが売られていましたが、栽培品は、元は外部から持ちこまれたものですか。それとも採集されたものが需要の高まりで栽培品種になったのでしょうか。

落合　栽培植物については、改良品種の種子がタイや中国など近隣の国からたくさん持ちこまれています。袋入りの種子でパッケージに収穫物（ナスやトマト）の写真がついているようなものを積極的に買いこんで栽培し、市場に出荷して売買するという現象は拡大していると思います。そういうわけで、ここ一〇年くらいの間に、栽培植物の品種が増えているという実感はあります。

山辺　するとたとえば休閑地に植えられるものとか、ガーデンではなく一種の野菜畑のようなものがあると考えてよいですか。

落合　それがラオスの近代農法の部分だと思います。ある程度人口集中がみられる主要都市、ビエンチャンとかルアンパバーンなどの周りに都市型の近郊野菜農家のようなものが成立して、長距離輸送は無理でも近距離輸送はできるので、そういう農村が野菜の供給地になっています。そのなかに有機認証制度にトライするようなグループが出てきています。

南　在来農法の作物も商品化され市場で売られるというのはかなり昔からあるのではないですか。これはもう自給自足じゃなく、むしろ商品経済といっていいんじゃないのか。

落合　今回の報告で紹介したのは、ほぼ毎日開いている都市の市場の例が多かったのですが、タイ、ラオス、ミャンマーのタイ系の人たちが盆地に住み、その周辺に山地民とよばれるような人たちが住んでいる社会だと、七日市とか五日市にあたるような移動式の市場が非常に古くからあったそうです。これを商品経済の範囲と考えるかどうかですが、その盆地と山地が互いの産物を交換していました。つまり、国境を越えた輸出などとは違う意味合いで、一〇〇％の自給自足では成立しない、補完し合うような関係は伝統的にあった社会だと思います。最近になって、そこにより大きな変化が起こっています。売っている商品の量や種類が増えたり、国境を越えてさまざまな立場の人が入ってきたりと、中域的なグローバル化が進行しているのではないかと思います。

中嶋　今、ラオスで起こっていることについて、原田さんからご発言いただけませんか。

原田信男（歴史学）　ラオスの商品化の問題ですけれども、確かにスイカとかゴムの栽培をやっていますが、すべて中国資本がバックにある。とくにスイカなどの場合、何か変な液体を注入してすごく大きなスイカを作り、それを中国のトラックが何十台と連なり山を越えて運んでいる。これは完全に中国資本によるものです。ゴムの場合も、苗木を中国から持ちこみ、焼畑をつぶし育てさせて中国の商人が買いつけにくる。ラオス国家の近代農法政策以前に、国外からの資本の侵入により農業そのものが大きく変えられているのが現実だと思います。ただ商品経済の問題は道路のインフラ問題とも関係があり、国道沿いなどは整備されていますが、ラオスはむしろ川での移動が基本的なので、川で少し山の方に入っていくとそういった商品経済は進みません。インフラが整っていないので商品を作っても売れないから。それらの所では、むしろ国外からの資本の導入や市場の確保というような課題がある。これらはやはり現在のラオスの近代化が抱えている非常に大きな問題の一つではないかと感じました。

落合　中国経済の進出ですが、当事者をみると、同じ少数民族がたまたま国境で分かれてラオス側と中国側に住んでいたりします。漢人対ラオス人ではなく、同じ民族なので話も通じやすく、仕事も頼みやすい。もともと結婚や商売でのつきあいがあり、それに上乗せする形で中国経済が進出している部分も大きいのではないでしょうか。国全体で経済進出をうながす動きもありますが、個々の県が対応している部分もかなりあります。国家が管理している国境ゲートと県で管理しているゲートがあり、県のゲートでの出入りはかなり県の裁量に任されているようです。そして、野菜や作物の契約栽培を請け負うことを、商品経済への手がかりを得た、ある種のアドバンテージを得たと考えて積極的に参入していく、県レベルでの農業行政のあり方というのもあるように思われます。

原田　親族的なつながりとか民族的なものはもちろんわかります。しかし、私の感じではちょっとそのレベルを超えています。あれだけのトラックを連ねて特定の地域で特異なスイカを作らせるとか。

中嶋　商品経済という理解もかなり幅があって、今の話はインターナショナルな資本の移動、それによる横暴な変革が起こっているという指摘だと思います。

小林　採集から栽培、そして在来栽培から近代栽培への移行は、結局のところ食の市場経済化、すなわち広い意味での経済合理性（コストパフォーマンス）に従っているといえるのではないでしょうか。

品種改良を理解する

石井智美（栄養学）　あらゆるもの（植物）に品種改良が試みられたと思うのですが、改良しにくい要素や形質は何でしょうか。昨年度の家畜化のなかでも考えていたわけですが。

大澤良（農学）　難しい質問ですが穀類でいうと収量性です。たとえばイネの収量は長い歴史をかけてたくさん穫れるようにしてきたわけです。ただ品種改良においてあらゆるものをやっているかというとメジャーな作物とメジャーな野菜だけで、私の専門のソバなどは明治時代からまったく収量は変わっていない。一方イネは何倍にもなっている。要するにポテンシャルがないのではなく何もしなかったからで、そういう作物もまだたくさんあります。でも収量を上げるのが一番難しいと思います。

佐藤　ところで野生植物に対して改良を加えていると思われるケースはありますか。

落合　私は定点観測をしている特定の野生植物がないので答えにくいですね。苦みが弱い時、それが改良を加えたせいか、ある程度苦みに強弱があって、弱いほうを食べているのかわからないんです。

佐藤　それで十分です。苦みの例についていうなら、苦みのないものを選んで採るようにすることがあるとすると、品種改良の第一歩とよんでいいかもしれない。それから石井さんの質問は、たぶんジャレド・ダイアモンドのあげたいろいろな家畜化の条件で、それが植物の場合はどうかと。

大澤　その意味では自殖性の作物が一つあげられますね。イネ科の植物が多いですけれど、これは改良が進んでいると思います。

佐藤　あと寿命。たとえば芽が出てから花が咲くまでの期間の長い奴は時間がかかるとか。

大澤　要するに一年生のものが多い。一般的にいうとそうですが家畜化ほど栽培化しやすかったかという意味では比較は難しい。あえていえば一年生で自殖性のものは作物化しているものが多いです。

佐藤　作物種の中の多様性を語る時、とくにイネやムギなどの場合、品種に内在する多様性を考えることが重要で、ことに「在来」の品種の場合はそうです。

大澤　在来種の定義がまた難しいけれど、いろんな地域で作られて確立していた品種のことだとすると、たとえば「佐藤　在来」というのがあった場合に、その中にいろんな顔の奴がいるけれどもだいたいが揃っている。それを在来種という。たった一つの均一にはなっていないですね。ところが近代品種のコシヒカリは、基本的には百個体あれば百個体ほとんど一緒ということ。在来種の中の多様性を考えたほうがいいというのは、そういうことかと思います。もう一つは自然交配しながらなんとなく作られている在来種。その場合は非常に雑多ですね。それにはその種の多様性もある。

佐藤　なぜそんなことを訊くかというと、在来農法なり近代農法なりといった場合、一つの指標としてそのことがすごく大事になるのではないかと思うんです。ある一つの社会が、品種という一括りのものを受け入れることを考えた場合、どんな場合でも大きさや形などばらつくわけですよ。社会によってはそのばらつきを許容するけれど、別な社会では少しでも違うものが入ったのは許さない。コシヒカリの中にあきたこまちが入った奴は許さない、みたいなことをいう社会もある。そういうのが近代化のプロセスにあるような気がしたからです。

大澤 野菜でも同じで、びっくりするほどきちっと揃っている大根が流通していて皆さん何も不思議がらない。箱にぴたっと四本ずつ入るとか、それが大事なんですね。これは企業経営における近代化です。そうではなくて雑多のままでいいというのも別途流通はしていますので、それはそれでいいと思いますけれど。近代化イコールすべて揃わなければいけない。日本はそういう傾向にありますが、それは流通も含めた近代化のマイナスなのかプラスか、私にはわかりませんが今の事実です。

中嶋 コシヒカリを基にして多様な品種がどんどん作られていますよね。経済の力がある種の製品差別化を求めた結果だと思いますが、それが見かけの多様性を作っているわけですね。

佐藤 その見かけの多様性は増大しゲノムレベルでは低下しているという現象をどう説明しますか。広い意味での育種が変異を拡大したことになると思いますが、そのメカニズムはどういうものか。

大澤 すごく難しい質問ですね。要するに、もともとはすごく似ているけれど、そこからちょっとした特徴でいっぱい分けているのが日本のイネの品種化だと思うんですけれども。総じていうと似たりよったり。これがゲノムレベルの低下を引き起こしています。

岩田 要するに見かけだけで、元をたどればそんなに変わらないとなると、たとえば大きな病気が発生するとか気候変動があった時には、揃ってバッタリいくということですね。

大澤 そこまで単純化されていないですけれど、大きくいうとそうなるかもしれません。

岩田　バラエティがないということ？

大澤　バラエティがないという意味ではそうかもしれません。でも日本のイネって本当に不思議で、普通の作物ならもうほとんど一緒としか言いようがないんです。それなのにイネはこれだけ多様性をもっているという言い方もできる。これはイネの特徴で、他の作物、たとえばトウモロコシでも、本当にシンプルになってしまってバッタリという事例もありますし。

岩田　意外としぶとく生き残る、かもしれない？

大澤　かなりしぶとく生き残っていますし、今の温暖化に対してもいろんな多様性を使いながら九州でもよい米を作っている。親は同じで、あの中から気候変動に強いものをひっぱり出してきている。そういう多様性を潜在的にもっているんですね。私はいろんな作物を扱いましたけれども、その意味ではイネはものすごく日本に合っている。だから稲作はアジアに定着しているのかなと思います。

岩田　それは、親がもっているもともとの多様性をいろいろ組み合わせていって、見かけだけでない多様なところももっている。米の場合は可能性があるということですかね。

佐藤　でも僕は、野生植物がもっているポテンシャルとしての多様性というのは、やっぱり野生のものならではだと思いますよ。人間が選ぶ時には、どうしても特定のもの、苦みがないとか何がいいとか言って選んでしまうので、こうなってきたんだと思います。

大澤　結局それでいいかなと。ただ近隣のアジアでは多収性のものを入れようとして、ある特定の国が作った品種を大量に入れるというスタイルが今強くて、画一化が起こっています。タイもそうですし、たぶんラオスもそうだったと思う。日本とはまた違う状況が生まれつつあります。非常にシンプルなものが大量に作られているということになると思います。

秋津元輝（農学）　いろいろ多様性を品種だけで言われたのがちょっと気になります。たとえば総倒れになるのではという危惧も、イネの場合は品種的・作物的な特徴によって打たれ強いということを話されましたが、やはり栽培環境などもかなり大きいのでは。冷害で東北が大打撃を受けた時、たとえば水の管理だけで同じ品種でもちゃんと実らせることができたという話を聞きました。そういう要素もあるから、全部バタッと倒れてしまうというのは品種の問題だけではなく、水の管理とか栽培技術もあるんじゃないか。専門外なので想像ですけれど。だから品種だけにこだわって議論するのはちょっと危険と思ったので。

岩田　同じ品種でも、作り方や管理で違ってくる？

秋津　どちらの要因が大きいか。

大澤　それは両方なんですよ。農法があってまた品種も改良されますし。ところが、昔やっていたイネの水管理をこまめにやるとか、それが今の農家さんには難しくなってくる。それに時間をかけられない。その手法が使えなくなった場合にバッタリはあるんです。

石井　農法の改良や消費者の希望もあり野菜の味が「甘くなった」「濃くなった」ことは、食の視点からはたして望ましい方向でしょうか。「おいしさ」について不安を感じることがあります。苦いキュウリ、曲がったキュウリ、その香りや旬が失われている気がして。これは人も家畜化しているのかなと。

大澤　その「おいしい」「甘い」は消費者ニーズなので、怖いと言われてもしょうがないですね。甘いトマトがほしいという人がいるなら甘い物を作る。苦いキュウリがほしいという人がもしいれば苦いキュウリを作る。苦いキュウリは嫌という消費者の嗜好があるから苦みを取ってきたんです。それも特別なことをしたわけではなく苦いものを排除して苦みの少ないキュウリを選抜してきたという歴史です。やはり実際に市場ニーズがあるのが前提で品種改良はされています。

今の品種改良は、無機肥料を与えない場合にゆっくり効く肥料に対してどういうよいレスポンスをして生産性をあげる野菜が作れるか、というところまできている。近代農法の先に何があるかという時、経験知を全部合わせていくのがこれからの農法という意味で、品種改良とはそういうものです。

小林　私は秋田県の出身でして、その縁で「あきたこまち」の品種開発について話を聞いたことがあります。どういう話かというと、最終候補に残ったのが、食味は非常に優れているものの収量が少し不安定なものと、食味は少し劣るものの収量が安定しているものの二系統で、この二つから最終的に選んだのは、後者の収量が安定しているほうだったという話です。当時は、農家の収入確保のため、食味よりも収量を重視したとのことですが、現在もこの傾向は変わらないのでしょうか。収量が多少不安定でも、食味が良いものを選択するということはあるのでしょうか。

山口　結局、その時のブリーダーのチョイスになるわけですね。ただプロセスからいうと、たぶん一〇個体だけ残す時期があり、さらに五個を選び、その後に二個にするという具合に絞っていく。その過程でいくつかの重要な点に関してはクリアしたものの中で、最後に選ばれただけの話です。

小林　基本的条件を満たしたうえでの選択だと。

山口　はい。基本的に生産性がないものはダメですし、収量が他より優らないのは絶対ダメで、新品種として意味がないですからね。

大澤　両方とも必要な要件はみんな満たしていて、寒さにも強い、味はもうほぼ一定以上、収量も一定以上じゃないとダメで。あとはもうどちらを選ぶか、趣味に近い。

山口　ブリーダーが売れるか売れないかを判断する。

大澤　実施目標があり、それで十何年かけて選んできて、最後にAとBどちらにするか。味はもうこれでいい、安定していると。収量の安定が今、秋田では重要だと思ったらそちらを選ぶし、いやもう一歩コシヒカリに比べて味が変わると言えると思ったらそちらを出す。両方とも一定水準に残っている最後の二つ三つで、これはもうブリーダーの最後の選択。それで失敗している例も結構あります。

山口　あれ五人ぐらいで最後、投票して決めているのではないですか?

大澤　そうです。全部、最後は投票。食味も十何人で選んでやります。

在来作物の多様性を守る

中嶋　在来品種の多様性を守るという問題について少し議論を戻していただけますか。

佐藤　在来品種の多様性を守るためには、それとつながる多様な農法や食の文化なども、同時に守る仕掛けが必要だろうと思います。

山田仁史（民族学）　コメントですが。遺伝資源の多様性というのは重要だなと再認識しました。在来作物のことは英語でheirloom（エアルーム）というようで、まさしく相続財産ですね。アメリカでもfarm-to-table（地産地消）の動きのなかで在来作物が再評価されているようで、今後に期待したいと思います。日本でも、たとえば映画になった「よみがえりのレシピ」。ああいうもので在来作物の多様性を再発見しながら、それが地元密着型レストランと提携することで再生していく。それと研究者（江頭さん）がタイアップして地域を盛り上げていった。江頭さんもよく在来作物は生きた文化財という言い方をされていたので、そういうことと通じるなあと思いまして。

江頭　在来作物のような遺伝資源は、品種改良された作物に比べていろいろ不利な点が多い。その遺伝資源をどうやったら守れるか。大澤さんの報告でも指摘いただいたところで、佐藤さんも言われたようにいろんな文化とセットで守っていく必要があるだろうと私もつねづね考えています。

大澤　遺伝資源の重要性というのは二つあり、一つは将来のさまざまな改良に使うリソースであり、長い歴史のなかで生まれてきた変異を蓄積している、それを資源としてとっておこうと。もう一つ、その在来種でローカルに地域を盛り上げる。これはこれで成り立っている話で、ちょっと意味が違うわけです。多数の都市住民に対して何を提供するかというと、効率のいい生産性の高いものを作る。これはやはり重要でしょう。だから在来種がなくなってもいいという話ではなく、たぶん両立できるだろうと思います。そういう意味で江頭さんのやっていることも価値がある。

中澤弥子（調理科学）　種《たね》の管理が重要ではないでしょうか。私の近くの長野の農家では自分の家の種を販売できないので、近くの農家同士で種の交換会を時々行って品質低下を防いでいます。さまざまな在来品種を守る取り組みが各地で行われていると思いますが、国家的な取り組みもありますか。

大澤　国家的な取り組みとして基本的には遺伝資源保全事業がずっと行われています。在来種の種子《たね》を集めて冷蔵庫に入れたり、栄養繁殖のものはずっと栽培しつづける。現在も国内については続けています。各地ではどうかというと、最近各県で地野菜あるいは地物のいろんな雑穀を含めて、維持していこうという動きはかなり強くなっています。その時に県が認めないとなかなか維持する力にならない。好きでやっているんだろうで終わっちゃう。そこがちょっと県によってもバラバラな気はします。あと種子の売買は、自分のものを勝手にするのはかまわないですが、人の品種を売買することはできません。自分のものなら隣にいくらで売っても問題にならないはずです。要するに種子継ぎといって自分で持っているものを譲るだけですから。

在来と近代のはざまで

石井　ラオスでは農薬の使用が少ないだろうと思いますが、肥料としては何を使っているのでしょう。

桝潟　ラオスの在来農法における家畜の導入、それから屎尿や糞尿の利用はどうなっていますか。

佐藤　私も糞尿つながりで。ウンコはどの社会でも嫌われるけれど、にもかかわらず積極的に使ってきた社会とそうでない社会がある。この分布を調べてみたいと思っているんですが、いずれにしても三つくらいに分けられるんじゃないか。一つは積極的な利用。次に意識して使ってはいないが実際には使われている。最後が忌避する社会です。

落合　ラオスでの肥料の問題ですが、いわゆる金肥、化学肥料を入れることは少なく、ほとんどいわゆる有機肥料状態だと思っています。桝潟さんがお尋ねの動物の糞をどうするかですけれど、報告した焼畑の村だと刈り跡放牧をします。イネを栽培した後に牛とか水牛の群れを追いこんで草を食べさせる。それが還元になっているかもしれませんが、面積を考えると非常に微々たるもので、さほど効果はないだろうと思います。家畜自体は儀礼やお祝いなどに屠って食べるために飼っていますが、絶対的な飼育頭数が少なく、おそらく循環に回せるような状況ではないんじゃないかと思います。

江頭　ウンコを利用しないケースがあるということを私は今まであまり認識したことがなかった。確かに分布を調べてみると面白いかもしれませんね。もう一つ、植物の栽培化が起こった後に、家畜をドメスティケーションすることによって作物の収量を高めた。たぶんこれはジャレドなんかも言っているんですけれど、要するに糞尿を利用することで相当寄与しただろうと思うんですが。現時点で糞尿の利用をしない地域というのはどんなところにあるんでしょうか。

佐藤　たとえばラオスなんて、私が見た範囲では積極的には全然使ってないですね。ただ家畜が勝手に畑へ入っていくのでじつは使っているんだけれども、本人たちは意識していない。中国のケースだとたぶん北と南で全然違うと思うんですよ。北の人たちはウンコなんか使っていないと思う。南の人は、僕はよく知らないんですけれども。ウンコの価値、その発見、使い方は地域によってまったく異なる。その観点から考えると、排泄物を日本みたいに売買の対象にしたような地域もあるし、まったくそういうことに無頓着な地域もある。それから忌避してしまってとんでもないという文化もある。そのへん農法との関係で面白いテーマが出てくるんじゃないか。

近代農法とは何か

上野(吉)　近代農法のトレンドとして、有機農法と水耕栽培などによる工場型農法という、一見相反する方法があると思いますが、こうした方法による農業の進歩は今後どうなっていくと考えられますか。じつは三〇年前ぐらいに私が学生だった時、農芸化学の授業で先生に「有機農業は大学の研究にはならない」と言われたんです。お金が付かないのももちろんありますが、一方で人類をどう喰わすかが大学で考える農業であって、「趣味的に」お金のある人がおいしいものを食べようと考えるよな、あるいは健康に食べるというレベルでの発想の有機農法は馴染まないと言われた。やりたい人はやればいいけれど、実際に物質循環を考えたら有機農法で人類は喰わしていけないいんだよと。私は、それは正しいと今もそう信じています。つまり有機農法で摂取する以上のものが自然に湧いてくるわけじゃないですから。不足した部分を化学肥料や何なりに頼らなきゃいけない。一方で農薬に関してなら、化学農薬ばかりでなく生物農薬とかいろんな形の研究は現実に進んでいる。トータルで言えば有機農法がまったく研究になっていないわけではなく、大きな意味での有機農法はテーマにならないと教わって。そんなこともあって今後農業としてどうなっていくのかと思ったわけです。

秋津　報告でも述べたように、農業に固有性を認める思想と、産業として農業を考えるという思想と二つあり、同時並存しているのが近代の状況です。そのなかで有機農業という具体的な農法がどう考えられるか。さらに今後を考えた場合、一つは今言われた、足りない部分をたとえば化学肥料で補充していくということが実際の農業生産の確保を考えれば現実的だとは思うんですよね。だからその部分は今後も何らかの形で考えざるをえない。ではエネルギー問題はどうするか。化学肥料は高エネルギーの産物だからエネルギー多投型の農業になる。そういう農業がどこまで続けられるかも同時に考えなきゃいけなくなる。だから有機農業か否かで議論するより、エネルギーをどう考えるか。石油だけの問題ではなくCO_2の排出とか、そういう基準もありうるし。しかも同時に世界人口は増えつづけていますから、それをどう養うかが求められている。そういう全体像のなかで有機農業も考えていかなければならない。ただその時、一かゼロかではけっしてない。全部有機農法になればいいとか、工業的な農業がすべて広がっていけばいいという問題ではなく、どうバランスをとるかが一番重要。たとえば穀倉地帯として穀物を大量生産していく場所も必要でしょう、全体の食料をまかなうという意味では。しかし同時に、たとえば都市近郊で野菜を作ると考えた時、なるべく肥料を使わず環境負荷を抑えながら野菜を生産する、そういう場所があってもいい。そのミックスをどう考えるかが現実的な問題ではないか。だから一かゼロかの議論は、ほんま危険だと思うんですね。

早川文代（調理科学）　今のお話はＩＰＡ（産業的農業思想）とＡＰＡ（農本的農業思想）が同時に存在していて、そのバランスが今後の課題という報告と通ずると思いますが、ＡＰＡで農業は経済的に成り立つものでしょうか。

南　私もそこが疑問で、ＡＰＡとＩＰＡの両立、融合は可能ですか。

秋津　並存してきたというのが私の主張です。両立できるかどうかではなく並存してきたのが近代だと思います。つまり裏と表、そういう関係にあるわけで。だからそういう状況にあるとわかったうえでバランスを考えることが必要ではないか、というのが私の主張したいところです。

南　育種の追求（収量増）と品種多様性の確保との両立、調和というのは実現できるんでしょうか。

大澤　品質を求めるのか収量を求めるのかという意味では両方です。たとえば特定の作物の特定の品種に絞ってどんどん作っているのがトウモロコシ。同じように見えるのがモノカルチャーと言いましたが、それでも地域ごとに見れば世界中で多様なトウモロコシが作られている。アメリカのトウモロコシは日本に持ちこんでも作れないし、北海道の米も九州で作ることはできません。そういう意味では、多品種というのは絶対存在しうる、存在しないと農業は成り立たない。その多品種の意味が、いろんな味やいろんな色と余計なものを出しすぎたかもしれませんが、それでも社会ニーズでピーマンの色も五色ぐらいにできる、それにどんな意味があるかは別として。

じつは有機農業と品種が絡んでいて、どういう状況で最大のパフォーマンスがあるかという時、有機農業は相手としても非常に難しいと思います。その土地あるいは環境ごとに場が変わるし、同じ地域でもやり方で場が変わるので、ある品種がいいパフォーマンスになるかなかなかとらえられない。

山本　多作物・多品種栽培と近代農法とは対立してしまうものなのでしょうか。

大澤　多作物・多品種を作って経営を成り立たせている農家さんはたくさんいます。普通に肥料を使い農薬を使い、やっているところもたくさんあるので、別に対立するものではないでしょう。いわゆる在来・有機と近代農法は対立するかというと、それは対極にあるものかもしれません。つまり、多品種・多作物と少数品種の大量栽培。後者は企業経営の企業栽培ですね。これはこれで成り立っている。そこでは最高の近代農法を駆使し生産性を上げて食料を確保する。一方で、都市近郊も含めて多作物・多品種で近代農法を使っている、ということになると思います。

自然農法と有機農法

山本　「自然農法」と「有機農法」の違いは何ですか。なぜよび分けるのでしょう。

池谷 日本の焼き畑は「自然農法」とみてよいのでしょうか。

桝潟 有機農業と自然農法は原理的には重なってくるのではないかとお話ししましたが、そういう意味で、農法を土や自然に働きかけて作物を育てるという営みの原理とすれば、焼き畑も同じで、近代農法とは別の原理、つまり自然の恵みを自然（生態系）と共生・共存して引き出す原理によって成り立っている農法・技術と私はとらえているんですけれども。

原田 自然農法という言葉自体が問題だろうと思います。農業というのは自然ではありません。自然にどう人間の手を加えていくのかが農業の本筋。おそらく「自然」という表現は、近代農法があまりにも膨大な形で一種の自然破壊というか、かなり不自然な方向に向かっているので、それに対して使われているのだろうと思います。農耕史で考えると、種を播くのも自然ではなく、その種をより生かして植物を育てていくために、雑草を取ったりしながら多大な労力を払ってきた。そう考えていくと、先人の知恵といってもかなり大規模な自然の改変をやっている。たまたまヨーロッパの科学技術によってリンや窒素などを使うようになりました。しかし、それは明治農法以降のことで、それまで西洋的な科学技術・化学技術に基づいた農業への働きかけはやってこなかった。ただ明治以降に入ってきたからといって、実際の農業は戦後しばらくの時期まで人糞も用い、藁などを発酵させて堆肥として導入し生産性を上げていた。田んぼにしても、農薬の問題は別とすれば、そこには動物の死骸やいろんな微生物がいるから、それですごく生産性が上がっていた。おそらく高度成長以降、人口が増加し農業生産力を高めようとして西洋的なものがより加速化され、それへの一種のアンチテーゼとして自然農法や有機農法という言葉が出てきたにすぎないわけです。そういう農業史全体の流れから有機農法・自然農法をどう評価していくか考えないと、農業全体をちょっと見誤るのではないかという感じはしています。

池谷　私も、何で日本人は安易に欧米のもの、いろんな運動とか導入してきたのか、とても興味があったんです。もっとアジアを見て自分の足元を見ればいい。むしろヨーロッパ人はしたたかにインドから吸収したわけですよね。しかし日本人は、欧米よりかなり蓄積はあったと思うのに、やはり外からのものを正しいとしたところに問題があったと言いたい。

秋津　私は会員ではないですが、有機農業の研究会に時々参加しています。まず自然農法の定義として、私の理解では外からの投入物を基本的に入れないということ。残渣は入れるけれども化学的なもの、肥料も入れない。福岡さん（福岡正信：自然農法提唱者の一人）が自然と言ったのは、放っておくという意味の自然なんです。有機農業なら家畜の堆肥など入れていたわけですが、それを入れないのがベースじゃないか。

江頭　そうだと思います。

秋津　自然という名前は誤解を招くけれど、彼らが言っている意味ですから、批判はおかしいんじゃないか。そういう違いが有機農業と自然農法のベースにあると理解していまして。

中嶋　その場合の内と外の違いですけれど、外というのはある圏域をさしていますか。

秋津　圃場内のもの、出てきたもので残渣は中に入れる。かつて江戸時代から戦前まで、たとえば緑肥を入れるとか結構やっていましたよね、日本中で。それはやはり外から入れるから、この定義でいくと自然農法ではない、と僕は理解しています。そういう意味で、自然農法が昔からあったと言われるとちょっと違うかなと。

桝潟　日本の田畑は草をきれいに取ってしまうのですが、これもいつ頃から始まったのだろうと佐藤さんとお話ししていたんです。最近、自然農法などでは草をいかに生かすか、雑草とともにある農をどうするかという発想で草を見るようになってきている。自然の生態系と調和する農業技術として研究、開発されていかなければならないと思っています。

野本　今のお話に基本的には異存ありませんが、ただ日本の在来農法をみると、たとえば関東平野なら落ち葉をすごく利用する。木の葉掻き、落ち葉掻きといって、山の口開けを設け、ナラ類やクヌギなどの落葉を掻き集め、馬に踏ませ独自な堆肥を作る。また長野県に遠山谷という谷があります。今では耕地の集約化が叫ばれる、広くすればいいと。ところが広くできない所なんです、遠山谷は。傾斜がきつく馬を飼っても馬耕ができない。田んぼはなく畑だけ。そこで幼馬飼育といって一歳から三歳までの馬を飼う。全然馬耕のメリットがなくただ糞尿で堆肥を作るためだけに幼馬を飼う。それで段々畑か傾斜畑へ冬作は麦、夏作はこんにゃくを栽培する。この国にはさまざまな蓄積があります。それは近世の農書にも書いてあります。日本の民俗的な伝承に目を向けてみるのもよいでしょう。

中嶋　そういう過去の経験知も含めた伝統が、現在の日本の有機農業や自然農法にはあまり適用されていないというご理解でしょうか。

江頭　伝統農法の知恵を自然農法や有機農法に使っているかですが、自然農法における耕さないという技術はかなり新しい試みではないかと思います。耕すことで根の張りをよくする効果はありますが、逆にデメリットとして土中で眠っていた種子の休眠が解けて芽を出す。耕すとますます雑草がはびこるようになるけれど、耕さないで刈っていると雑草はだんだん出てこなくなる。そういうメリットがあるので自然農法は耕さないというルールを作った。これは新しい技術でしょう。だからいろんな新しい試みを加え伝統的な技術とミックスしながら作ってきているのが現在の有機農法、自然農法だと思います。

守屋　有機農業が本来あるべき姿を維持するために必要な適正規模はどのようなものでしょう。また成熟した有機農業は限りなく自然農法に近づくとのことでしたが、生産者は食べていけるだけの収入を得られるのか。自然農法では業として成り立たないようなイメージがあって。

秋津　僕がどこに行っても有機農家でよく聞くのは、技術はかなり確立され作れるけれども、それを正当な価格で買ってくれる販売ルートがないと。これさえあればまだまだ広がる。つまり、すでに技術の問題ではないから、有機農業は喰えないとかではなく、売るルートがないのが最大の問題点です。買いたいと思う人もいるけれどルートが作れていないということです。

植物工場の可能性

印南　人工光型植物工場の野菜は、京野菜のようなブランド品と比べ一般向けが目標だと言われましたが、江頭さんの工場見学によると自在な品質管理ができ将来的にはブランド化に進むのでは。

古在豊樹（農学）　方向としてはそのとおりです。まずは、一般向け野菜を提供して市民の理解とマーケットを広げて、次の段階としてブランド化が広がると思います。実際は、植物工場野菜を初めて食べて、その一回の経験で偏見や思いこみをもつ人が非常に多いのですね。最初に出会ったアメリカ人でアメリカ人一般に対する印象が決まっちゃうみたいな。実際は、どこの植物工場で栽培されたかで味が違うだけでなく、同じ植物工場でも誰がオペレーションするかで味は違ってくる。栽培法の進歩でも味は変化する。去年はまずかったけれど今年は味が良いと。そして、栽培技術が高レベルに落ち着いてくればブランド化が始まる。

その味の違いが、畑の場合は個人の技量以外に天候・土壌など別な要因に影響されるので、個人の技量と自然環境が味に及ぼす影響が混然としている。他方、植物工場野菜の味は工場長と作業者がどのように栽培したかでほぼ決まり、その経過が自動的に記録されている。たとえば風を少し強く吹かせると葉にシャキシャキ感が出る。だからサラダに使う時は風を強めにするとか。収穫の三日前から紫外線を照射すると葉中のビタミンCやポリフェノールの量が増えるなど。最近、私が関係する学会では毎年何十件もそういう研究発表がある。ただし、未だ研究の初期段階なので、結果はいろいろです。あと一〇年ぐらいたつと多くの研究者の結果が収束してきて、因果関係が一般化されてくるのではないかと思います。

中嶋　そうすると京野菜的な地域ブランドでなく、固有名詞でのブランド化、技術力という意味では○○法人の野菜というような感じでしょうか。

古在　そうです。私たちの間では工場ごとの品質の違いをよく話題にします。あそこの工場の野菜はおいしい、おいしくない、あるいは品質的にどのような特徴があるかなどと。ただ去年よりおいしくなったという工場が多々ある、発展途上段階です。床面積が百平米ぐらいの個人経営の工場では、「佐藤さんの植物工場野菜」などと、自分の写真を袋に貼ってパーソナルな植物工場として販売している。京野菜が対面で会話しながら売るように、工場のすぐ近くに販売店舗があり、来店者と対話しながら相手の要望を聞き、次はその人に対応した野菜にして売る、ということも始まっています。

佐伯　人工光と自然光では野菜のおいしさに違いが出ないのでしょうか。以前に人工光レタスをレストランでいただいたことがございますが、味に違いがあるように感じたのは気のせいでしょうか。

古在　太陽光で育てた野菜のほうが健康に良いのではないかという質問は、過去百回以上受けています。でも、同じ品種のレタスを同じ畑で栽培しても、天気、栽培者、施肥量、栽培法で味はさまざまです。さて、太陽光と人工光では何が違うのか、その結果、味や栄養はどう違うのか。比較の方法がまず問題になる。

太陽光の波長分布、強さ、照射方位・太陽高度は、時刻、季節、天候、緯度で大きく異なります。ではどのような状態の太陽光とどの状態の人工光の下で育てて野菜の味を比較したらよいのか。人工光にいたっては波長分布や光強度は自由にコントロールできます。つまり、標準太陽光と標準人工光を決めてもらわないと、太陽光と人工光による味の違いが比較できないことになる。

一方で、光は純粋に物理的な存在です。だから太陽光に含まれる特定の波長の光が健康に良い物質を野菜に作らせることがわかれば、同じ波長の人工光の下で栽培できるわけです。とくにＬＥＤが利用できるようになって以来、そこは自由自在になってきた。そして、収穫三日前に紫外線を照射すると薬効成分が多く生産されるとか、早く成長させるのなら赤い色の波長を多くするとよいとか、野菜の成分と光の質の関係がどんどんわかってきている。するとその後は養殖と天然物の魚のどっちがよいとか、生のトマトと煮たトマトはどちらがおいしいかという質問と同じになってくるので、それは個々人のお好みですということになる。

ただ五〇年前、私がまだ大学院生だった頃、露地栽培のほうがハウス栽培のトマトよりおいしいという人がかなりいました。ハウス栽培トマトなんて栄養があるわけがないと言う人までいました。ところが、今は、日本人が生で食べる国産トマトや国産イチゴのほぼ一〇〇%がハウス栽培です。誰も文句を言わなくなっちゃった。だからこの程度の食文化は五〇年スパンで考えた時には変わるということは、意識してなきゃいけない。

中嶋 光をコントロールすることによる同質化があるということですが、土地についての不確実性、土地の質の違いが味や品質に大きく影響を与える、そういった面白さがあるのではないでしょうか。

古在 植物工場での栽培の確実性を増大させるのは技術的・コスト的に困難なことが多いのですが、消費者がそれを望むのであれば、不確実性を増大させるのは簡単です。現在、植物工場関係者でのホットな話題に野菜のミネラル成分があります。

なぜかというと、畑の土の中の肥料成分のうち微量要素の量が過去五〇年間でかなり少なくなってきている。数十年前は、堆肥化した枯れ葉や稲藁や草木灰を畑に戻していたので土壌中の微量要素は十分にあった。ところが、その後、窒素、リン酸、カリ、カルシウム、マグネシウムなどの主要要素だけしか施肥しなくなり、土壌中の微量要素がしだいに減ってきた。結果として、たとえば数十年前のホンレンソウの鉄分濃度に比べて今の鉄分濃度はかなり低くなっている。そこで、植物工場の養液組成を調整して、鉄分豊富なホウレンソウやレタスを作ろうとなる。たとえば、腎臓病の方はカリウムを多く含む生野菜の摂取量が制限されているので低カリウム濃度の工場レタスが生産販売されている。また、生活習慣病との関係で野菜の機能性成分に注目が集まっている。それがいいのかどうかは価値観の問題でもあるのでお好きにどうぞと言うしかない。

岩田　土地というのは多様で複雑、解明しつくせない。そこで作って当たりもあれば、はずれもあるんですが、植物工場はあまりにコントロールできすぎて面白くないんじゃないですか。

古在　植物工場は環境をコントロールできるのが面白くないのであればコントロールしなければいいだけで、それは容易にできる。逆に、畑ではコントロールしたくてもできない。お好きな方をお選びくださいということになる。他方、何でもコントロールできると思われるのは有り難いのですが、実際の植物工場が何でもコントロールできると思ったら大間違いで、未だわからないことだらけです。養液中の肥料イオンの濃度はある程度わかりますが、養液中には微生物が棲んでいる。それがいかなる影響を野菜に与えているのかはほとんどわかっていません。養液中に死んだ根の一部が漂うと微生物が繁殖してそれを分解する。また、根は有機酸を排出する。これらの影響は新しい研究課題です。

表真美（家族関係）　都市住民の農業体験の例として人工光型植物工場についてのお話を聞き、情報技術やハイテク技術は今後、都市機能の拡散・分散を進めて「農村と都市」という区別をなくし、地域での経済、食料などの〝自給自足〟をめざすべきだと思いました。

古在　植物工場は食料全般を供給できるわけではなく、機能性植物と各種の苗を供給するのが現実的には精一杯です。食料としてのお米を植物工場で栽培するのは、研究・教育・趣味用は別として、経営的、エネルギー収支的には無理だと思っています。ただし、植物工場で植物を育てる技能（スキル）の基本を小・中学生が身につけているということは、大災害などの非常時のサバイバル技術としても非常に重要だろうと思っています。少なくともその栽培技術があれば、非常時にサツマイモを栽培して、最小限の食料を確保できる。ほかにも利点は数多くあります。

表　植物工場を否定するのではまったくなく、むしろ私は自分の家の屋根裏で畑ができ自給自足の生活ができればいいと思っているわけです。都市が一極集中しているのがよくなくて、これからスマホなどいろいろな技術がどんどん進展すれば、もう都市がなくなって私たちは農村で生活できるようになるのではないか、そこで農業とともに生きていけばいいのではないかと、そういう意見です。

古在　まったく同意見です。今、都市に住んでいて、農村に移り住みたいという潜在的な気持ちをもつ方がたくさんいるなかで、農村に移住しやすいのがＩＴ産業技術者。なぜならノートパソコン一つあれば東京で仕事するのと田舎でするのと大差ないから。その人の仕事の生産性はむしろ田舎のほうが上がるとも言える。同時に、農村に住んでいるＩＴ技術者がスマホを駆使した農作業支援ソフトウェアを開発してくれたら農村が変わる。都市生活者も農業しやすくなる。

他方、普通の方が農村に移住して農業をやろうとしても、〇・五町の畑を鍬で耕す体力すらありませんから、まず耕耘機の運転法を習わなきゃいかんとなる。他に農業には、雨中、盛夏、厳寒期にも屋外作業をする体力・気力が必要です。そこで、それだけの体力・気力がない場合は、快適で安全な環境の植物工場で農業機械も農薬も一切使わずに軽作業だけで野菜を作り、植物工場京野菜として売ればいいじゃないかというのが私の考えです。そういうことで農村に都市機能が持ちこまれる。逆に都市に農村機能が持ちこまれ、都市と農村がパートナーとして共に生きるという関係にしたいということです。

九〇億人を養う――これからの農を考える

中嶋　時間も残り少ないですが、最後に未来について議論したいと思います。

南　まず私から。九〇億の人口を養うためには、近代農法は無理として「スマート農法」に可能性があるといえますが、「野菜工場」はカロリーベースの穀物・いも類には適用できないとすれば、どのような具体的技術に可能性があるのでしょうか。

古在　私は人工光下でのイネの栽培も研究していましたが、年三作半も栽培できます。ただ経済性はありません。それをやると一キロ二万円で売れないとダメです。だから栽培できるということと経済的、エネルギー経済的に成り立つかは分けて考えなきゃいけない。

江頭　昼食の時に古在さんともお話ししたんです。野菜工場じゃなくスマート農法、もっと広い意味の話だったんですが。リモートセンシング技術を使うと、未来の農業が大きく変わるかもしれないと。たとえば今、ドローンの利用技術が急速に進歩し、近赤外分光分析が可能なカメラを搭載できるドローンも比較的安価に登場してきたそうです。この近赤外分光装置で何ができるか。たとえば一つの田んぼの上にドローンを飛ばして撮影すると、どこに病害が発生しているか、あるいは一つの畑のどこに窒素肥料が多く集積しどこが少ないか、詳細なデータが取れる。すると農薬や肥料を撒く時、データに応じてスポット的に撒布できるわけです。今までは一面、一律に農薬・肥料を撒かなきゃいけなかったので過剰だった。それをぎりぎり最小限に抑える技術ができるかもしれないということでした。

古在　おっしゃるとおりです。ともかく今の農業は、農薬、肥料、農業機械の利用に石油資源をたくさん使っている。水も多消費している。高い生産高を維持したまま、その資源消費量を大幅に減らすにはＩＴ技術を導入するのが効果的です。スマホの中には、安価な小型カメラ、画像処理装置、ＧＰＳ（位置情報検出システム）が装備されている。これらやドローンを農業に取り入れて石油の代わりに情報を利用して、より品質の良いものを高い収量で得る。それが「スマート農業」だと私は考えています。私は流行語を使うのが好きではないので、スマート農業という言葉は自分では使わない（笑い）。でも、それは農業をある意味で革命的に変える。この技術を使えば今のアフリカの食料生産問題を変える力ももっている。収量増・品質向上のコストが他の手段と比較して格段に低いからです。今、温度センサー、湿度センサー、小型カメラのレンズだけなら価格は百円程度です。それをどこまで使いこなして、農薬、化学肥料、農業機械の消費を最小限にするかは人間の知恵です。この知恵をスマホに組みこむのです。田畑の現場で取り入れた情報を、人工知能技術も使って解析して結果を現場に戻すということで、高品質・高収量だけでなく省資源・環境保全が実現します。この技術は、有機農業や自然農法にも有効だと私は考えています。地域の文化・気候・土壌を生かしたローカル農業を、グローバル技術を使いこなして実現するのです。

私は施設園芸の研究を長年やってきましたけれども、一番の悩みは小さい温室で実験して得た結果を大きい温室でも利用できることを仮定せざるをえない場合が多かったことです。実際は、施設規模が違うと適用できない技術が多いのですが。つまり、一〇〇坪の田んぼでの実験結果を一〇*ha*の田んぼで適用したらうまくいかない場合が多い。今は、農家が実際に生産している一〇*ha*の田んぼに安価な小型カメラや温度計を一〇〇個取り付けることができる。ドローンも使って移動測定してもいい。そういうふうにしたら生産現場での研究開発が可能になるので農業技術はかなり変わります。

もう一つは農地の大規模化の意味もなくなるというか、むしろ不利になることがあるということです。つまり一カ所にまとめる必要がない場合が多くなる。一〇〇*ha*の田畑を一つにまとめないでい い。一〇*ha*で一〇カ所にあっても、ＩＴ農業が進化すれば生産効率は変わらなくなる。こうなれば農業が変わる。最近オーストラリアやアメリカの一区画一〇〇〇*ha*の大規模農地は水不足で深刻な状況になっています。農地をある程度分散する方がかえって効率的という時代が来ると考えています。都市農業や植物工場の役割はそこにある。コンピュータの世界で、大規模集中型システムから現在の分散ネットワーク型、さらにはスマホネットワークに変わったのと同様なことが農業でも起きうるのです。

南　今までの議論は、大規模化しないと日本の農業は生き残れないという、そんな話がずっと多かったですよね。そうではなくて、いわゆるスケールメリットではもうないんだという話が、非常に印象に残りました。ここから何か新しい展望が見えてくるのかなと。

藤本　古在さんが何度も五〇年後と語っておられたので思い出したんですが、ちょうど最近「マツコ会議」という番組で、世田谷の農業高校（都立園芸高校）に潜入して若い人の意識を聞くというのがありました。半数以上が女子学生で、しかも農家どうこうと関係なくて、動物が好き、植物が好きで育てたい、というような動機で入ってきている。こういう子が増えているわけですね。逆に言うと、ゆとり世代で人づきあいが下手で、引きこもり、ネクラでという子も多いかもしれません。しかし五〇年後の担い手としては、そういう子たちが農家になれるかは非常に大きな問題と思って。たとえば漫画『銀の匙』を読んで、その影響で農業を志しましたとか、動物・植物にふれあいたいとか。今『昆虫はすごい』『植物はすごい』という本がベストセラーになっています。ですから、そういう意味で僕らの世代はあきらめていただき、古在さんには五〇年後の世代に向かって、メッセージを発信していただきたい。そういうゆとり世代は植物工場の管理人として、最高じゃないかと思いまして。

古在　じつは私、農業高校支援機構の理事長を四年前からやっております（笑い）。農業高校を応援したり元気になってもらったりすることをめざした組織です。そうしたら、最近、農業高校支援機構が必要ないほど農業高校が元気になりはじめています。農業高校での生徒の生きざまをモデルにした先ほどの『銀の匙』という全一一巻の漫画本を多くの小・中学校の生徒さんが夢中になって読んでいるわけです。ほかにも農業高校をモデルにしたテレビドラマもできている。今、農業高校にはリーダーシップのある魅力的な女性が本当にたくさんいるので、男の人がそのような女性に憧れて入学することがあるという状況です（笑い）。だから、昔の農業とか今の農政とかを私は考えていないのですよ。今の小学生、中学生に注目にして、その子たちの可能性が伸びるような手伝いをしたい。そうすれば農業は自然に良い方向に向かっていくはずだと、それに賭けているわけです。

藤本　ぜひ先生にはそういう花咲爺さんの役割を果たしていただきたいと思っております。

中嶋　大澤さんは発表の時に、二〇五〇年に九〇億人を養うという観点からすると、やはりいろいろな危機がもう目前に迫っているんじゃないかという問題意識を話されていたと思うんですが、それに関して、スマート農業の評価とあわせて品種改良の動向とか、課題みたいなものを何か指摘していただけますか。

大澤　要は収量をどれだけ上げるかという非常にシンプルな話なんです。そこにいろんなサイエンスを全部注ぎこむしかない。土地の面積を増やすことはもうできない。そうすると一定面積で収量を上げるしかない。それをどう支えるかという時、今、植物科学がすごく進展もしていますし、選択肢として遺伝子組換えもあっていいでしょう。あるいは最近でいうとゲノム編集、ゲノムをどうコントロールしていくかというのもあっていいでしょう。それらを全部、駆使していかなきゃいけないということを、私はいつも思っているわけです。古きを知ることはいいことです。それもまたサイエンスで、今の世界にどう持ちこむか。今のプラントサイエンス（植物科学）のレベルではいろんなことができる。有機農業に関しても対立するものではなく、そこの知恵をどう現代風にするか、それが可能な時代になったということなんです。そういうことではいろんなものがあっていい。全然否定するものではない。ですがわれわれの責任としては、どうやって食料を増産するか。この場に生産者は誰もいない、誰も責任をもっていないわけです。皆さん消費者です。いま北海道ですら十勝地域の生産農家の平均年齢はすでに七〇近い。そういう意味ではもう農村崩壊ですよ。そのなかで、われわれはそれでも食べていかなきゃいけない。

佐藤　食べる問題というのは、総生産量を総人口で割ったような話ではありません。どうしてかというと、そこには食のタブーの問題や文化の問題、いろいろ科学技術では解けないことがいっぱいある。そういうものを乗り越えながら九〇億がどういうふうに喰っていくかということを、個々の地域、個々の文化に応じて具体的に議論しなきゃダメだと思う。それに即して言うならもう一つ。人口の増加が問題だとローマクラブ以来われわれはずっと思考停止のように思ってきたけれど、日本の現状をみてもわかるように、むしろ問題は人口減少です。人口が減少することで農村人口が、実際に物を作る人がいなくなってくるということが、おそらく中国でも起こるだろうし、アジアでも近未来的に起こるだろうと。こういうことをトータルに人間の問題として考えることが非常に重要で、そのことを今後、考えるというのが、たぶん議論の入り口でありゴールである、というふうにしてまとめていただくのはいかがでしょう（拍手）。

桝潟　私はどうも人口九〇億人をどうやって養うのかという発想、問題設定はいかがなものかと思います。やはりその地域に即して、今どこにどういう問題が、農業なり食なりにあるかというところから発想して考えていかないことには。反収を上げることが農学の最重要課題のように考えられていますが、じつは日本では農業の担い手の高齢化が進み耕作放棄地が増えています。反収を上げるのに固執し、そういう発想から抜けきれないところがあります。ですが、むしろそういう耕作放棄地をどうするのかを含めて、地域資源を生かし持続的な農業システムを創っていくことが、今、日本農業の緊急の課題です。地域の自然・生態系にどう働きかけ、そして持続的に農作物をどう作っていくかという方向への発想の転換が、必要になっています。そういう時にやはりベースになるのは地域社会、地域だと思っています。

江頭　地域の自立という視点が今後ますます重要になるのではないでしょうか。将来さらに世界人口が増加し、国際間で資源の奪い合いのようなことが起きてくるとすれば、エネルギーや肥料のような生産資源をよその地域に依存するいき方は不安です。それよりも地域の限られた自然条件を最大限に生かしながら、地域内の資源を循環的に使っていく。よそから持ってくる資源は最小限に抑えていく。そんなライフスタイルのほうが未来に希望が見えるのではないでしょうか。

自然条件を生かすには、地域に伝わる伝統的な知恵も学び直す必要があるでしょう。同時に、先端技術の利用は資源を節約的に使うことや、今後生じてくるニーズに合わせて作物を品種改良していくためにも役立ちます。しかし先端技術の使い方は地域の状況によって選択が必要なのかもしれません。人口が増加していく地域では、大澤さんが述べたようにあらゆるサイエンスを導入して当面の食料をまかなう必要もあるでしょう。一方、日本の農村のような人口減少地域での先端技術は、人の手や田畑をきめ細かく観察する目をサポートすることにこそ重点をおいて活用するのがよいかもしれません。このように地域の自立をめざすことを前提としながら、九〇億人時代を見すえて国際間で技術協力できることを協力しあうという姿勢がますます必要になるのではないでしょうか。

編者注：一般的な言説としてイネ、コムギ、トウモロコシのようなイネ科の穀類（禾穀類）は、野生種が毒性をもたなかったから栽培化されたとする見解がある。しかし、たとえば赤米の色素カテキンのように毒性の低い物質でも、高濃度に含まれれば乳児などには何らかの影響が出る可能性がある。このような広い意味での毒を考えると、禾穀類でも他の多くの作物と同様、栽培化の過程で無毒または毒性の少ないものが選択されてきた可能性を否定できないとする見解もある。

「人間と作物」を考える文献

執筆者による推薦・解題により構成（各解題末尾に推薦者名を記す）。
※（ ）内は刊行年、サイズ（高さ）、総ページ数。なお、総ページ数のコンマで区切られた数字は別付ノンブル部分。

■池谷和信著『人間にとってスイカとは何か—カラハリ狩猟民と考える』　臨川書店（2014；19cm；203p）

カラハリ砂漠のモラポムに密着。乾季には水ガメとしての野生スイカを求めて移動、雨季には定住、スイカ栽培を行う。サンの人びととスイカとの共生的関係から「栽培」の原質をさぐる。**（野本）**

■鵜飼保雄・大澤良編著『品種改良の世界史 作物編』　悠書館（2010；20cm；593p）

イネ・コムギ・トウモロコシ・ダイズ・ジャガイモなど代表的な作物の起源野生種から現在の作物にいたるまでの進化、さらには品種化の様子を詳しくたどる。作物改良の歴史を網羅する一冊。**（大澤）**

■鵜飼保雄・大澤良編『品種改良の日本史—作物と日本人の歴史物語』　悠書館（2013；19cm；497p）

日本人の食生活を多彩で豊かにしてきた栽培植物の歴史を、社会情勢や人びとの嗜好といった改良の背景を含めて概説し、新品種の育成と普及の様子、その後の社会への影響を紹介する一冊。**（大澤）**

■宇根豊著『国民のための百姓学』　家の光協会（2005；19cm；215p）

農の営みは人間にとってかけがえのない「カネにならないもの」も生産してきたのだという、近代農学者が見落としてきた農業者側からの重要な視点を論理構築して問いかけている。**（江頭）**

■久馬一剛著『食料生産と環境—持続的農業を考える』　化学同人（1997；21cm；133p）

農業と環境問題、物質循環のデータをふまえた焼畑農業や水田農業、先進国の集約農業、環境保全型農業な

どが紹介されている。各農法の長所・短所を土壌学者の中立な視点で語っている。（江頭）

■クレブス、ジョン著（伊藤佑子・伊藤俊洋共訳）『食―90億人が食べていくために』

丸善出版（2015：18cm：212p）

「食」に関して、科学、歴史、文化の視点から総合的に記述された書であり、なかでも二〇五〇年に迎える九〇億人の食をどのようにまかなっていくのかという問題を正面からとりあげており、品種改良の目的もこの文脈からであれば理解しやすい。（大澤）

■阪本寧男著『ムギの民族植物誌―フィールド調査から』

学会出版センター（1996：22cm：200p）

「栽培化」の原理から始まる。コムギ・オオムギ・ライムギの起源やムギ類の原郷、日本へのムギの道などが探られる。著者の民族植物学は徹底したフィールドワークに支えられて力強い。（野本）

■阪本寧男著『モチの文化誌―日本人のハレの食生活』

中央公論社　中公新書（1989：18cm：175p）

モチ性のイネ科穀類七種類をすべてとりあげ、起源や伝播のプロセス、ねばねば嗜好の成り立ちを追究。栽培から食べることまでが一体となった「モチ文化」を提唱する。（落合）

■佐々木高明著『稲作以前』

日本放送出版協会　ＮＨＫブックス（1971：19cm：316p）

今では広く受け入れられるようになってきた「縄文農耕」の可能性を早くから指摘した好著。日本の農耕文化を大陸のそれとの関連でとらえたパイオニア・ワークである。植生と農耕文化の関連についても深く考察されている。（佐藤）

■佐藤洋一郎著『食の人類史―ユーラシアの狩猟・採集、農耕、遊牧』

中央公論新社　中公新書（2016：18cm：279p）

ユーラシアに展開した人類集団が、どのように食べ、食料を生産、流通させてきたかを解説。農耕、遊牧など、ばらばらに考えられてきた食のシステムをとくにデンプンとタンパク質の組み合わせのような、相互の連関のなかでとらえてみた。（佐藤）

■シヴァ、ヴァンダナ著（浜谷喜美子訳）『緑の革命とその暴力』
日本経済評論社（2008；21cm；302p）
「緑の革命」が生み出した諸問題をその成功が喧伝されたインドを例に多面的に告発している。社会システムが不平等であれば、科学技術の普及はそれを増幅させることを教えてくれる。（秋津）

■田中耕司編『自然と結ぶ――「農」にみる多様性』
昭和堂（2000；21cm；301, 3p）
自然を生かす在来農法とはどんなものなのか。南米、アジア、アフリカなど世界各地の事例と課題が紹介されている。巻末の総合討論「在地の地平から農業・農学を展望する」も興味深い。（江頭）

■テーア、アルブレヒト・D著（相川哲夫訳）『合理的農業の原理』（上巻・中巻・下巻）
農山漁村文化協会（2007～08；22cm；上515p，中629p，下562p）
科学的精神に基づいて、農業技術・経営の実践のなかから共通的普遍的な原理を見出そうとする近代農学の始まりの書。経営、土壌、施肥、作物、畜産にわたる初の体系書でもある。（秋津）

■ドフリース、ルース著（小川敏子訳）『食糧と人類――飢餓を克服した大増産の文明史』
日本経済新聞出版社（2016；20cm；332p）
食料生産からみた人類史を歴史的観点から描いている。幅広い分野から膨大な資料を集大成した文明史でもある。自然界と人類の創意工夫の複雑なかかわりを見事に書き切り、農学にかかわる者の必読書と言ってもよい。（古在）

■中尾佐助著　金子務・平木康平・保田淑郎・山口裕文編『中尾佐助著作集Ⅰ　農耕の起源と栽培植物』
北海道大学図書刊行会（2004；22cm；736, 30p）
照葉樹林文化論を展開した中尾佐助が農耕と農作物の

成立に関して論じた著作と論文を体系的にまとめた書籍。堀田満による書き下ろしの解説も収録されている。写真や原図はオリジナルのフィルムと手書き原稿から新たに製版されている。**（山口）**

■中島紀一著『有機農業の技術とは何か―土に学び、実践者とともに』（シリーズ地域の再生20）　農山漁村文化協会（2013；20cm；268p）

有機JAS制度のように、コード化された商品基準で技術をしばり有機農業を特殊化するあり方からは、有機農業と農業の未来は拓けない。地域自然と共生する「農業本来のあり方の回復」としての有機農業技術論を提起している。**（桝潟）**

■西尾道徳著『農業と環境汚染―日本と世界の土壌環境政策と技術』

農山漁村文化協会（2005；22cm；438p）

日本、EU、アメリカの農業や環境問題に関する膨大な資料を読みこなした土壌（微生物）学者である著者が、土壌管理や農業環境に関する科学的知見を土台として、その政策との接点を探りあて、今後進めるべき農業・環境に関する技術・政策の方向を示す。**（古在）**

■ハワード、アルバート著（保田茂監訳）『農業聖典』

日本有機農業研究会発行／コモンズ発売（2003；22cm；321p）

一九四〇年にイギリスで刊行された“*An Agricultural Testament*”の訳本で、有機農業のバイブルと称されている。近代農業・近代農学のありようを根底から問い、今日でも新鮮さを失わない原理の書である。五九年の最初の訳本はすでに絶版。本書は、三人の若き有機農業研究者の翻訳を保田茂が監訳した新訳版。**（桝潟）**

■前田和美著『豆』（ものと人間の文化史174）

法政大学出版局（2015；20cm；16, 356p）

野生豆の栽培化から始まり、マメ文化の探索が全世界に及ぶ。日本人が好む大豆・小豆にも注目、マメと精神生活やマメの食品にまでメスが入る。これはマメのエンサイクロペディアである。**（野本）**

■桝潟俊子著『有機農業運動と〈提携〉のネットワーク』　新曜社（2008；22cm；319p）

日本における有機農業運動の草創期から現代にいたる歴史的展開と課題を実証的データに基づいて跡づけ、有機農業の意義と変革力について論じている。とくに地域的な広がりをみせている有機農業運動において実体化されつつある、生命・環境・自治（自立）という価値を共有する〈提携〉のネットワーク（「生命共同体」としての親密圏）の形成に着目。（**桝潟**）

■山口裕文・島本義也編著『栽培植物の自然史―野生植物と人類の共進化』　北海道大学図書刊行会（2001；21cm；241p）

経済的に重要な栽培植物の野生植物からの進化と特徴の通性について、一七名の第一線の研究者が論じた論文集。ココヤシやキノコに関する論考もある。（**山口**）

■山口裕文編著『栽培植物の自然史Ⅱ―東アジア原産有用植物と照葉樹林帯の民族文化』　北海道大学出版会（2013；21cm；371p）

おもに東アジアで利活用されている栽培植物の文化的多様性を二一名の研究者が論じる。日本文化の基層をなす食用植物と観賞癒し植物に関するフィールド研究の論文集である。（**山口**）

■山本紀夫編『ドメスティケーション―その民族生物学的研究』　国立民族学博物館調査報告84（2009；26cm；584p）

ドメスティケーションに関する学際的共同研究の成果論文集。作物と家畜を対象に、人間の行為や認識、現在進行中の現象、品種分化など、幅広い問題意識に基づいた議論が展開される。（**落合**）

■吉田集而・堀田満・印東道子編『イモとヒト―人類の生存を支えた根栽農耕』　平凡社（2003；27cm；356p）

タロイモやヤムイモなど、栄養繁殖性の作物に基盤をおいた農耕や食文化のあり方を紹介。東南アジアの種子農耕との関連性についても追究し、イモとは何かを問い直す。（**落合**）

■リフキン、ジェレミー著（柴田裕之訳）『限界費用ゼロ社会―〈モノのインターネット〉と共有型経済の台頭』

NHK出版（2015：20cm：531p）

世界の社会経済パラダイムの大転換が始まっている。その全貌はつかみ難いが、著者は、情報・遺伝子、エネルギーの限界費用がゼロに近づいていることこそが原動力であると述べ、その根拠となる資料を提示しつつ、今後の社会経済を予測している。**（古在）**

■ロバン、マリー＝モニク（村澤真保呂・上尾真道訳　戸田清監修）『モンサント―世界の農業を支配する遺伝子組み換え企業』

作品社（2015：20cm：565p）

遺伝子組み換え技術やさまざまな合成化学物質などを開発・販売してきたモンサントという巨大アグリビジネスについて、その露骨な利益至上主義を徹底的に究明した話題の書。**（秋津）**

■和辻哲郎著『風土―人間学的考察』

岩波書店　岩波文庫（1979：15cm：299p）

ユーラシアの「風土」を、人間学的に把握しようとした和辻の意欲作。土地土地の社会の仕組みや人の気性が土地の自然条件で決められると説いたといわれることがあるが、実際は人と自然の間にある相互作用を論じた著作ととらえるべきである。**（佐藤）**

あとがき

編者　江頭宏昌

「採集から栽培へ」というテーマを聞いて最初に頭に浮かんだのは、農学者盛永俊太郎著『農学考』のなかにある「作物とは人間と共生関係にある植物である」という言葉であった。人間は植物を栽培化して作物を作り出し、作物との共生関係を保ちながら文明を発展させ、現代社会を築いてきた。

しかし最近、どんな生物種でも容易に目的の遺伝子の改変を行うことができるというゲノム編集技術が登場した。うがった見方ではあるが、もはやすべての生物は人間と共に生きるパートナーというより、人間の道具として利用できる道が開かれたともいえる。そうした技術は暮らしをより豊かにする可能性をもつ反面、使い方を誤ると社会や環境に悪影響を及ぼしかねない一面もある。技術の進歩に追いつくべく、社会倫理の醸成をどうすればスピードアップできるのか、これも新たな問題である。

本フォーラムが終了して間もない今年の三月二九日に山形県鶴岡市で「農業革命3.0」という刺激的なカンファレンスが開催された。会場で配布された冊子によると、農業革命3.0はスマートアグリとバイオテクノロジーという二つの柱の発展によって、農作物が食料中心の利用形態のみならず、石油に代わって生活のさまざまな素材やインフラを構成しはじめるというビジョンを意味するという。

　後援した鶴岡市に問い合わせたところ、このカンファレンスの発案者は人工合成クモ糸素材の開発ベンチャー企業、Spiber株式会社の関山和秀代表であることがわかった。関山氏に話を聞くと、日頃から異業種の仲間と将来どんな社会を実現したいかを話し合っていて、地元庄内地域に新しい地球のあり方をデザインする研究拠点をつくりたいのだという。それは地域社会に必要な衣食住、医療、教育などを地域産業で補完し合うコミュニティデザイン、いわば太陽エネルギーを利用する農業を中心とした、地球の生態系に組みこめるような「産業生態系」をデザインしたいとのこと。関山氏が現在手がけている人工合成クモ糸素材はそうした社会をつくるための要素技術の一つだという。柔軟な思考で描く関山氏の壮大なビジョンが今後どんな展開をみせ、実を結んでいくのか、大いに期待が膨らんだ。

　思い起こせば三年前、植物のドメスティケーション（栽培化）を年間テーマにして「食の文化フォーラム」を実施したいのでコーディネーターをお願いしたいと企画委員会から依頼があった。私はまったく不勉強で専門知識もないため、初めは無茶な話だと断ろうとも考えた。しかし、日頃在来作物周辺の狭い枠でしかモノを考えていない私にとって、これは大きなビジョンを獲得できる、二度とないチャンスかもしれない。そんな思いが湧いてきて蛮勇を振るう決心をした。しかし予想どおりというか、未熟な私のコーディネートにより、しばしば議論を混乱させてしまったことへの申し訳なさや、もっと深い議論ができたであろうことへの後悔も多々あった。

今読み返してみると、この本に収録された一つひとつの論考はとても魅力的だ。しかし「総括」の執筆は苦しかった。私の力不足が第一の原因であるが、今回の大きなテーマのなかでどんな話題に絞りこんで総括すべきかがなかなか定まらなかったこともある。また、近代農法と在来農法はその言葉の定義の難しさもさることながら、いずれの視点も今後の農を考えるうえで不可欠であるのに、どうして対立を生んでしまうのか。そこにどう折り合いをつけて将来を見すえるかは、私自身のこれまでをふり返らざるをえない一大問題であった。それを総括する作業は、さながら出口の見えない深い森に迷いこみ、不安のなかでひたすら言葉と背景を探して紡いでいくような心持ちであった。なんとか一文になってホッとしたが、各方面からご批判を賜れれば幸いである。

総合討論の部分でも切り捨てるには惜しい議論が多々あった。しかし頁の制約上、やむなく切り詰めざるをえなかった。フォーラム会員の意に沿わないところがあったとすれば、なにとぞご寛恕いただきたい。

今回のフォーラムを通して、第一線の研究者の方々を交えて議論し本を編集するというのは貴重な経験であった。また農や農学とは何かをより広い目で深く考える機会となった。これらは私にとって大きな糧となった。委員長の南直人さんはじめ企画委員会の皆様にはこの場を借りて篤くお礼申しあげたい。

また私の要望に的確に応えてくださった八人の話題提供者の皆様と熱心な議論を盛りあげてく

ださったフォーラム会員の皆様にも感謝申しあげたい。とくに今年三月に本フォーラムの内容とも関連の深い著書『食の人類史』（中公新書）を上梓された佐藤洋一郎さんには執筆のさなかに無理を聞いていただき議論に参加してくださったことに深く感謝したい。

さらに、円滑な司会を務めてくださった中嶋康博さん、準備段階から懇切なるご支援をいただいた山中フサ子さんはじめ味の素食の文化センターのスタッフの皆様、なかなか筆が進まない私を終始温かく励ましてくださったドメス出版の夏目恵子さんには心より感謝の意を表したい。

二〇一五年度食の文化フォーラム「採集から栽培へ」開催記録

第三四年度「採集から栽培へ」主催者挨拶（要旨）—二〇一六年三月五日開催時—

公益財団法人 味の素食の文化センター理事長　伊藤雅俊

味の素食の文化センター理事長の伊藤でございます。昨年の六月に、前任の山口から理事長を引き継ぎまして、就任いたしました。どうぞよろしくお願いいたします。

皆様方には食の文化センターの活動を、日頃から力強く支えていただいておりまして、改めまして、感謝を申し上げます。食の文化フォーラムは、第一期のフォーラム発足以来、三四年という長きにわたりまして、食の文化について議論を深める研究会として、お集まりの諸先生方をはじめ、多くの方々の積み重ねられた活動と共に、発展をしてまいりました。

食の文化という言葉が、まだ一般的ではなく、文化と言えば芸術が中心という時代に、諸先輩や皆様方などが、侃々諤々の議論を重ね続けてこられて、その活動のなかで、この研究会が、日本の食文化という言葉を生み出してきた原点だと、こう言われるまでになってきたと認識をしております。これからもさらに様々な切り口の食文化について、ご議論を深めていただきながら、国内外に、日本の食の文化とその未来を伝えていく「食の文化フォーラム」に出来ればと、思っております。

食とは実に、幅広い多面的な顔を持つ行為だと考えています。もちろん、食とは「生きる栄養」です。食は親と子を、人と人を、国と国をつなげる。また食は、経験したことの記憶。また食は、人の進化に今もつながっている。そして、食は時に、争いとか戦い、また、古来移民にもつながり、食は政治です。そして、人にいい食はユニバーサルに伝わり、そして広がります。そう信じて、我々は仕事をしております。

これまで、フォーラムのなかで幅広く議論されてきた、人の生活のなかでの食の果たしてきた、様々な役割について、改めて深く考え、私たち日本人の食の文化が、「ユニバーサルな未来食」として、これからは世界の食の進歩にどのように役立っていくのか、そのあり方を皆様方と考え続けていきたいと思っております。

本日のテーマは、「採集から栽培へ」の第三回、最終回です。コーディネーターをお願いいたしております江頭先生はじめ、各スピーカーの皆様には、時間をかけご準備いただきまして、誠にありがとうございました。

人類が辿ってきた、採集と栽培の歴史を振り返る、そのことが食の文化の発展につながるということを今、改めて強く感じていることを申し上げまして、私のご挨拶とさせていただきます。本日は長い時間になりますが、どうぞ、よろしくお願いいたします。ありがとうございました。

二〇一五年六月一三日（第一回）「採集と栽培」

午前10時　開会

10時5分　オリエンテーション　事務局

10時15分　主旨説明　コーディネーター　江頭　宏昌

10時30分　「採集――根茎類を中心として」　野本　寛一

11時30分　「栽培化をめぐって」　佐藤洋一郎

（昼食）

午後1時30分　「栽培植物の拡散――植物の栽培化と栽培種の導入のもたらすもの」　山口　裕文

（コーヒーブレイク）

3時　ミニプログラム

3時30分　全体討論　総合司会　中嶋　康博
コーディネーター　江頭　宏昌

6時～8時　懇親会

（出席者）33名

言語・文学・思想　石井　正己　東京学芸大学
上野　誠　奈良大学
歴史・考古　南　直人　京都橘大学
山辺　規子　奈良女子大学
社会・経済　宇田川妙子　国立民族学博物館
小林　哲　大阪市立大学
中嶋　康博　東京大学大学院
人類学　朝倉　敏夫　国立民族学博物館
池谷　和信　国立民族学博物館
西澤　治彦　武蔵大学

民俗学　印南　敏秀　愛知大学
山本　志乃　旅の文化研究所
生活学　藤本　憲一　武庫川女子大学
半田　章二　㈱シィー・ディー・アイ
農林・畜産・水産　江頭　宏昌　山形大学
佐藤洋一郎　人間文化研究機構
石井　智美　酪農学園大学
動物学　上野　吉一　名古屋市東山動植物園
食品・加工・調理　飯野　久和　昭和女子大学大学院
中澤　弥子　長野県短期大学

栄養・生理　伏木　亨　龍谷大学
医学　松村　康弘　文教大学
教育　表　真美　京都女子大学
ジャーナリズム　岩田　三代　ジャーナリスト
前川　健一　ライター
森枝　卓士　フォト・ジャーナリスト

ゲストスピーカー　野本　寛一　近畿大学名誉教授
山口　裕文　東京農業大学
落合　雪野　龍谷大学
秋津　元輝　京都大学大学院
大澤　良　筑波大学大学院
古在　豊樹　千葉大学名誉教授
桝潟　俊子　元淑徳大学大学院

事務局

二〇一五年九月二六日（第二回）「在来農法と近代農法――自給自足から商品経済へ」

午前10時　開　会
10時5分　オリエンテーション　コーディネーター　江頭　宏昌
10時15分　主旨説明　落合　雪野
10時30分　「山野を食べる――東南アジア大陸部ラオスの『在来農法』」　秋津　元輝
11時30分　「近代農法を支えた思想と社会」
（昼食）
午後1時30分　「品種改良――近代育種の始まりから遺伝子組換えまで」　大澤　良
（コーヒーブレイク）
3時　ミニプログラム
3時30分　全体討論　総合司会　中嶋　康博
コーディネーター　江頭　宏昌
6時〜8時　懇親会

（出席者）34名

言語・文学・思想　石井　正己　東京学芸大学
上野　誠　奈良大学
佐伯　順子　同志社大学大学院
歴史・考古　真柳　誠　茨城大学
南　直人　京都橘大学
山辺　規子　奈良女子大学
社会・経済　小林　哲　大阪市立大学
中嶋　康博　東京大学大学院
人類学　朝倉　敏夫　国立民族学博物館
梅﨑　昌裕　東京大学大学院
西澤　治彦　武蔵大学
守屋亜記子　女子栄養大学
民俗学　山田　仁史　東北大学大学院
山本　志乃　旅の文化研究所
生活学　半田　章二　㈱シィー・ディー・アイ
村瀬　敬子　佛教大学
農林・畜産・水産　江頭　宏昌　山形大学
佐藤洋一郎　人間文化研究機構
動物学　石井　智美　酪農学園大学
上野　吉一　名古屋市東山動植物園
食品・加工・調理　飯野　久和　昭和女子大学大学院
中澤　弥子　長野県短期大学
早川　文代　食品総合研究所
教育　表　真美　京都女子大学
ジャーナリズム　岩田　三代　ジャーナリスト
前川　健一　ライター
森枝　卓士　フォト・ジャーナリスト
ゲストスピーカー　野本　寛一　近畿大学名誉教授
山口　裕文　東京農業大学
落合　雪野　龍谷大学
秋津　元輝　京都大学大学院
大澤　良　筑波大学大学院
古在　豊樹　千葉大学名誉教授
桝潟　俊子　元 淑徳大学大学院

二〇一六年三月五日（第三回）「近代農法を越えて」

午前10時　開　会
10時5分　オリエンテーション　事務局

10時15分　主旨説明　コーディネーター　江頭　宏昌
10時30分　「近代農法を越えて――栽培技術の最先端の問題点と可能性」　古在　豊樹
11時30分　「有機・自然農法の見直し
　　――『オーガニック』から低投入・持続型農業へ」　桝潟　俊子
（昼食）
午後1時30分　総括講演「採集から栽培へ」　江頭　宏昌
（コーヒーブレイク）
3時　報告　事務局
3時30分　全体討論　総合司会　中嶋　康博
　　コーディネーター　江頭　宏昌
6時～8時　懇親会

（出席者）33名

言語・文学・思想
阿良田麻里子　東京工業大学
佐伯　順子　同志社大学大学院

歴史・考古
南　直人　京都橘大学
山辺　規子　奈良女子大学

社会・経済
宇田川妙子　国立民族学博物館
小林　哲　大阪市立大学
中嶋　康博　東京大学大学院

人類学
朝倉　敏夫　国立民族学博物館
池谷　和信　国立民族学博物館
西澤　治彦　武蔵大学
山田　仁史　東北大学大学院

民俗学
印南　敏秀　愛知大学
山本　志乃　旅の文化研究所

生活学
藤本　憲一　武庫川女子大学
半田　章二　㈱シィー・ディー・アイ
村瀬　敬子　佛教大学

農林・畜産・水産
江頭　宏昌　山形大学
佐藤洋一郎　人間文化研究機構

食品・加工・調理　石井　智美　酪農学園大学
　　　　　　　　中澤　弥子　長野県短期大学
　　　　　　　　早川　文代　食品総合研究所
栄養・生理　伏木　亨　龍谷大学
教育　表　真美　京都女子大学
ジャーナリズム　岩田　三代　ジャーナリスト
　　　　　　　　前川　健一　ライター
　　　　　　　　森枝　卓士　フォト・ジャーナリスト

ゲストスピーカー　野本　寛一　近畿大学名誉教授
　　　　　　　　山口　裕文　東京農業大学
　　　　　　　　落合　雪野　龍谷大学
　　　　　　　　秋津　元輝　京都大学大学院
　　　　　　　　大澤　良　筑波大学大学院
　　　　　　　　古在　豊樹　千葉大学名誉教授
　　　　　　　　桝潟　俊子　元 淑徳大学大学院

執筆者紹介（五十音順）

秋津元輝（あきつ・もとき）
一九六〇年生まれ。京都大学大学院農学研究科博士課程指導認定退学。博士（農学）。現在、京都大学大学院農学研究科教授。専門分野は食農社会学・倫理学、農学原論。主な著書に、『農業生活とネットワーク』（単著）、『農村ジェンダー』（共著）、『食と農の社会学』（分担執筆）など。

江頭宏昌（えがしら・ひろあき）
一九六四年生まれ。京都大学大学院農学研究科修士課程修了。博士（農学）。山形大学農学部助手・准教授を経て、現在、山形大学農学部教授。専門分野は植物遺伝資源学。主な著書に、『どこかの畑の片すみで——在来作物はやまがたの文化財』（共著）、『伝統食の未来』（分担執筆）、『おしゃべりな畑——やまがたの在来作物は生きた文化財』（共著）、『焼畑の環境学——いま焼畑とは』（分担執筆）など。

大澤　良（おおさわ・りょう）
一九五九年生まれ。筑波大学大学院農学研究科博士課程修了。農学博士。農林水産省北陸農業試験場主任研究官を経て、現在、筑波大学生命環境系教授。専門分野はアブラナ科作物、ソバ、サクラソウを中心とした植物育種学とGMなど新育種技術における規制科学。主な著書に、『品種改良の日本史』『品種改良の世界史 作物編』『新しい植物育種技術を理解しよう』（以上、共編著）など。

落合雪野（おちあい・ゆきの）
一九六七年生まれ。北海道大学農学部卒業、京都大学大学院農学研究科博士後期課程修了。博士（農学）。現在、龍谷大学農学部教授。専門分野は民族植物学、東南アジア研究。主な著書に、『ものとくらしの植物誌——東南アジア大陸部から』『ラオス農山村地域研究』（ともに共編著）、『国境と少数民族』（編著）、『雑穀からみる東南アジア』（単著）など。

古在豊樹（こざい・とよき）
一九四三年東京都生まれ。千葉大学園芸学部卒業、東京大学大学院農学系研究科博士課程修了。千葉大学園芸学部教授、千葉大学学長を経て、現在、千葉大学名誉教授、NPO法人植物工場研究会理事長など。二〇〇二年紫綬褒章受章。専門分野は生物環境調節学、農業環境工学、農業気象学、植物組織培養学。主な著書は、『「幸せの種」はきっと見つかる』『図解でよくわかる植物工場のきほん』『人工光型植物工場』ほか多数。

佐藤洋一郎（さとう・よういちろう）
一九五二年生まれ。京都大学大学院農学研究科修士課程修了。農学博士。国立遺伝学研究所研究員、静岡大学農学部助教授、総合地球環境研究所教授・副所長を経て、現在、

大学共同利用機関法人人間文化研究機構理事。専門分野は植物遺伝学。主な著書に、『稲のきた道』『稲の日本史』『食と農の未来――ユーラシア一万年の旅』『食の人類史――ユーラシアの狩猟・採集、農耕、遊牧』（以上、単著）、『ユーラシア農耕史　1～5』（監修）ほか多数。

中嶋康博（なかしま・やすひろ）
一九五九年生まれ。東京大学大学院農学系研究科博士課程修了。農学博士。東京大学農学部助手・助教授・准教授を経て、現在、東京大学大学院農学生命科学研究科教授。専門分野は農業経済学、フードシステム論。主な著書に、『食の安全と安心の経済学』『食品安全問題の経済分析』（ともに単著）、『食の経済』（編著）、『フードシステムの経済学』（共著）など。

野本寛一（のもと・かんいち）
一九三七年生まれ。國學院大學文学部卒業。文学博士（筑波大学）。近畿大学名誉教授。専門分野は日本民俗学。主な著書に、『焼畑民俗文化論』『生態民俗学序説』『栃と餅――食の民俗構造を探る』、編著に『食の民俗事典』など。

桝潟俊子（ますがた・としこ）
一九四七年生まれ。東京教育大学文学部社会学専攻卒業。博士（社会科学）。国民生活センター調査研究部研究員を経て、淑徳大学社会学部・大学院社会学研究科教授、コミュニティ政策学部教授を歴任。現在、法政大学大学院公共政策研究科兼任講師。専門分野は環境社会学、農業・食料社会学。分断されている農山村と都市をつなぐ新しい仕組み・〈システム〉を探究。主な著書に、『有機農業運動と〈提携〉のネットワーク』（単著）、『地域自給のネットワーク』『食と農の社会学――生命と地域の視点から』（ともに共編著）など。

山口裕文（やまぐち・ひろふみ）
一九四六年生まれ、大阪府立大学大学院農学研究科博士課程修了。農学博士。大阪府立大学大学院教授、東京農業大学農学部教授を経て、現在、大阪府立大学名誉教授。雑草エンバクの研究で学位取得後、栽培植物とその近縁雑草の文化多様性を研究。主な編著書に『雑草の自然史』『栽培植物の自然史』『栽培植物の自然史Ⅱ』『照葉樹林文化論の現代的展開』『ヒエという植物』『バイオセラピー学入門』などがある。

食の文化フォーラム 34

人間と作物——採集から栽培へ

2016年10月5日　第1刷発行
定価　本体2500円＋税
編　者　江頭宏昌
企　画　公益財団法人 味の素食の文化センター
発行者　佐久間光恵
発行所　株式会社 ドメス出版
東京都文京区白山3-2-4　〒112-0001
振替　00180-2-48766
電話　03-3811-5615
FAX　03-3811-5635
http://www.domesu.co.jp/
印刷所　株式会社 教文堂
製本所　株式会社 明光社

ISBN 978-4-8107-0827-1　C0036

◉食の文化フォーラム◉

◆第一期フォーラム

1 食のことば　柴田　武・石毛直道編
2 日本の風土と食　田村眞八郎・石毛直道編
3 調理の文化　杉田浩一・石毛直道編
4 醗酵と食の文化　小崎道雄・石毛直道編
5 食とからだ　豊川裕之・石毛直道編
6 外来の食の文化　熊倉功夫・石毛直道編
7 家庭の食事空間　山口昌伴・石毛直道編＊
8 食事作法の思想　井上忠司・石毛直道編＊
9 食の美学　熊倉功夫・石毛直道編
10 食の思想　熊倉功夫・石毛直道編
11 外食の文化　田村眞八郎・石毛直道編
12 国際化時代の食　田村眞八郎・石毛直道編
13 都市化と食　高田公理・石毛直道編
14 日本の食・100年〈のむ〉　熊倉功夫・石毛直道編
15 日本の食・100年〈つくる〉　杉田浩一・石毛直道編
16 日本の食・100年〈たべる〉　田村眞八郎・石毛直道編

◆第二期フォーラム

17 飢　餓　丸井英二編○
18 食とジェンダー　竹井恵美子編○
19 食と教育　江原絢子編○
20 旅と食　神崎宣武編○
21 食と大地　原田信男編○
22 料理屋のコスモロジー　高田公理編○
23 食と科学技術　舛重正一編○
24 味覚と嗜好　伏木　亨編○
25 食を育む水　疋田正博編○
26 米と魚　佐藤洋一郎編○
27 伝統食の未来　岩田三代編○
28 「医食同源」—食とからだ・こころ　津金昌一郎編○

◆第三期フォーラム

29 食の経済　中嶋康博編☆
30 火と食　朝倉敏夫編☆
31 料理すること—その変容と社会性　森枝卓士編☆
32 宗教と食　南　直人編☆
33 野生から家畜へ　松井　章編☆

無印 2300 円　＊印 2000 円　☆印 2500 円　○印 2800 円（表示金額は本体価格）